STEM
创新教育系列

趣味
掌控板编程

曾海威 ◎ 编著

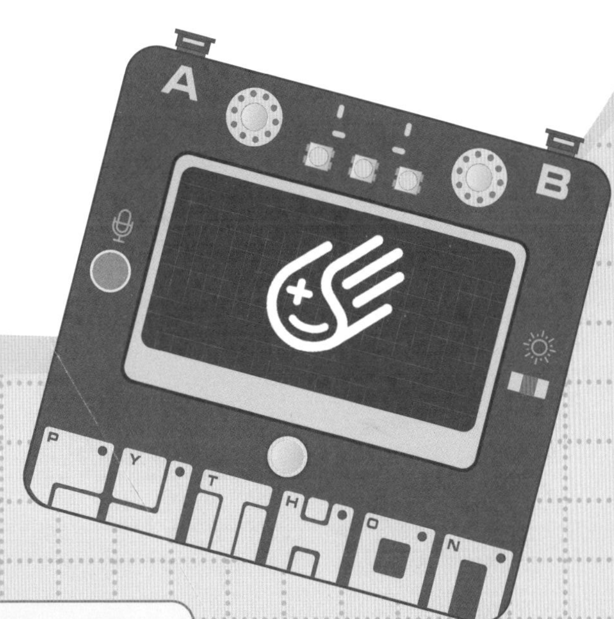

老师您好，我是小白同学，
我想跟着您学编程，可以吗？

欢迎欢迎！打开这本书，让我
带你进入掌控板编程的世界吧！

人民邮电出版社
北京

图书在版编目（CIP）数据

趣味掌控板编程 / 曾海威编著. -- 北京 : 人民邮电出版社, 2022.2
（STEM创新教育系列）
ISBN 978-7-115-58038-2

Ⅰ. ①趣… Ⅱ. ①曾… Ⅲ. ①程序设计－青少年读物 Ⅳ. ①TP311.1-49

中国版本图书馆CIP数据核字(2021)第256119号

内 容 提 要

本书以国产开源硬件掌控板为载体，采用图形化编程的方式，通过 12 个项目，介绍编程的基本知识，以及掌控板上的 OLED 显示屏、按键、触摸键、RGB 灯、蜂鸣器、声音传感器、光线传感器、三轴加速度传感器、Wi-Fi 等的功能及使用方法。

本书采用项目式教学方式，在课程中融合了科学、技术、工程、数学等学科知识，渗透 STEM 教育理念，初步培养读者的跨学科学习及解决问题能力。

本书充分考虑初学者在学习中的难点和痛点，用对话的创新形式展开每课的内容，力争做到看着不累，学着有趣，以及“急你之所急，想你之所想”。本书适合 5~8 年级编程初学者自学，也适合中小学和培训机构的信息技术教师、创客教师教学使用。

◆ 编　　著　曾海威
　责任编辑　李永涛
　责任印制　王　郁　彭志环

◆ 人民邮电出版社出版发行　　北京市丰台区成寿寺路 11 号
　邮编　100164　　电子邮件　315@ptpress.com.cn
　网址　https://www.ptpress.com.cn
　雅迪云印（天津）科技有限公司印刷

◆ 开本：700×1000　1/16
　印张：13.75　　　　2022 年 2 月第 1 版
　字数：214 千字　　　2022 年 2 月天津第 1 次印刷

定价：79.90 元

读者服务热线：(010)81055410　印装质量热线：(010)81055316
反盗版热线：(010)81055315
广告经营许可证：京东市监广登字 20170147 号

序

硬件创造与计算思维

最近一年，我的主要精力都放在计算思维的理论研究和表现性评价的实践中。计算思维显然是具有时代特征和烙印的，不同时代下计算思维的重心不同。在人工智能时代下，计算思维已成为一种重要的素养，因为它可以帮助我们与身边越来越多的智能体互动协作。信息的处理即计算，人们利用信息获取物质和能量的现象在生活中比比皆是：查阅计算出的天气预报结果而非实地考察，查询实时交通情况而非亲自统计路况，网上购物而非逛购物中心。科学的飞速发展和技术的全面应用让计算思维教育成为必然的需求，因此各国的课程标准都非常重视计算思维的培养，我国的信息技术新课标也不例外。

思维的培养少不了两个重要的土壤：环境和动机。环境理论非常复杂，这里我们仅关注的是智能硬件这一要素，也就是本书的主要载体——掌控板。从Papert建造主义的理念讲，理解的关键是动手创造，通过制造和设计来学习。掌控板是一个非常优秀的计算系统，因为和单纯的编程相比，它与物理世界的互动能力更强，也因此具备更强的制造属性。或许你和我一样在小的时候对各种电子设备的构造很感兴趣，好奇其运行原理。掌控板可以在一定程度上打开黑盒，让你通过指令精准地控制信息，实现自己的创意，与物理世界互动。从动机上来说，思维的培养缺少不了真实的情境，好的情境能够带来有趣的问题和持续的探究。从这本书为读者准备的项目来看，音乐盒、声光控灯、计步器等都与生活关联紧密，读者可以通过有趣的项目激发创作的动机。

计算思维还有一个神奇的“功效”，那就是它可以很好地锻炼逻辑思维、批判性思维、创造性思维。从思维结构理论来看，任何领域的思维教学活动都可以培养上述思维品质，但在计算思维的世界中，这一点尤其明显。在编写程序时，学习者要仔细思考每一个步骤的逻辑，还要关注整体性、系统性、层次性，这就是对逻辑思维的培养；在程序调试时，学习者要不断反思自己的问题出在哪里，这就是对批判性思维的培养；在创作项目时，学习者会不断实现自己的创新想法，挑战更难、更真实的项目，这就是对创造性思维的培养。显然，掌控板作为计算思维培养工具，对学习者的思维提升也大有裨益。当我们使用它造物时，思维便可以得到充分锻炼。

回想2014年初，我进入STEM教育圈的契机正是接触和掌控板同属于开源硬件的Arduino。即使当时已学习编程多年，但第一次成功控制LED灯闪烁效果的造物欣喜感仍记忆犹新。从简单的IO项目到复杂的物联网应用，开源硬件的低门槛创造特性帮助更多创造者构建自己的应用，架起创意和实物的桥梁。

本书选用的掌控板和mPython都是低门槛造物利器。作为一本入门级图书，本书对初学者来说非常友好，能够带领初学者熟悉硬件世界。曾老师一线教学经验丰富，循序渐进地通过多个项目阐述计算概念、计算实践和工具的使用方法。课程采用PBL的思路，程序步骤清晰，每一课都有情境引入和课后练习。本书还设置了知识拓展、拓展任务等发散思维环节，这有助于创造性思维的培养。我相信这是一本数字造物的入门佳作。欢迎你来到硬件世界，做好准备在编程命令和小小电流塑造的创意空间中漫游吧！

李泽

计算思维爱好者

《Scratch高手密码》《计算思维养成指南》作者

2021年11月8日

前言

一、编写背景

从最近几年国家出台的各项教育政策不难看出，编程类课程不断受到国家的重视和推动。掌控板作为一种国产开源硬件，用于编程教学是非常好的载体，全国各版本的高中信息技术选修教材《开源硬件项目设计》几乎都选用掌控板作为开源硬件。

笔者长期从事高中信息技术、通用技术、创客教育，在开源硬件教学中采用掌控板作为载体，在教学过程中发现市面上适合中小学教学，尤其是培训机构教学使用的有关掌控板编程的教材很少。笔者在学习和教学实践中不断摸索，逐渐萌生了编写本书的想法。

希望本书能方便读者自学，更能方便广大信息技术教师、创客教师进行教学。希望通过本书，能让更多的学生和教师入门编程、成为创客，在心里种下一粒小小的种子，在未来成长为优秀学生、优秀教师，也希望自己能为编程教育和创客教育普及贡献一点绵薄之力。

二、适用对象

本书适合5~8年级编程初学者自学，也适合中小学和培训机构的信息技术教师、创客教师教学使用。

三、教学理念

本书中的内容基于一个编程零基础的学生学习编程的认知规律，从日常生活中的问题、需求、场景等切入，激发读者求知欲和好奇心，引导读者主动思考、主动学习、主动探究。探究过程中允许试错，鼓励大胆尝试，鼓励“先行后知”，在产生错误、发现错误、纠正错误、反思错误、避免错误的过程中习得相关知识和技能。

本书主要采用项目式教学（PBL）方式，全书共13课，除第0课以外，每课都设计了一个贴近生活的项目，在完成项目的过程中，穿插介绍知识与技能，让读者在学习过程中不断地在设计师、工程师和普通用户之间切换角色，引导读者时时处处为用户着想，体现“以人为本”的设计思想，在不知不觉中掌握每课内容，提升核心素养，成为富有人文情怀的小创客。

本书秉持“做中学，学中做”的实践与理论并重的教学理念，以任务驱动、问题引领的方式，激发学习内驱力。同时，书中渗透了STEM教育理念，强调跨学科学习，在学习编程之外，还要学习物理、数学、地理、音乐、数学、工程等学科知识，通过知识拓展和拓展任务，开拓视野、发散思维，努力引导读者真正做到学以致用，先行后知，知行合一。

四、使用说明

1. 软硬件环境

- 软件：mPython 0.6.0及以上版本。
- 操作系统：Windows 7或Windows 10，64位操作系统。
- 掌控板硬件：推荐购买掌控板2.0+数据线套装，如果条件允许，建议直接购买掌中宝2.0（掌控板2.0+拓展板，送硅胶套和数据线）。可以和掌控板搭配使用的拓展板有很多种，本书使用掌中宝（也叫掌控宝）套件。

掌中宝（掌控板+拓展板）

2. 学习建议

（1）自学。建议按照课时顺序阅读，遇到问题或挑战任务时先自己思考、尝试，没有思路或需要“参考答案”时再继续往下看，不要直接照着“小白同学”的程序“抄”，这样就失去了学习和探究的乐趣，学习效果也会大打折扣。

（2）教学。教学时长：建议培训机构每次课90分钟，中小学校把每个项目分为两课时（每课时40分钟），每课时完成一个任务，有条件的学校每次连上两节课，完成本书一课内容。

教学条件：每人一台计算机，每人一套掌中宝，条件不足的学校可2~4人一组。

五、栏目设置

序号	栏目名称	设计意图
1	项目背景	导入课程，激发好奇心与求知欲
2	挑战任务	将项目分解为若干任务和挑战，在完成任务和挑战的过程中，习得相关知识和技能，建议先自己尝试完成任务，再看小白同学是怎么做的
3	知识拓展	介绍新知识及与项目相关的知识
4	拓展任务	一些值得思考和尝试的任务需要课后抽空完成，希望学有余力的读者尽量尝试完成
5	知识网络	以思维导图的方式梳理每课的知识体系
6	项目手册	强烈建议在学习过程中同步填写，当然也可在课后作为检验教学效果的评价依据，也便于梳理和巩固每课的核心知识

六、人物设定

本书有两位人物全程陪伴你一起学习，他们是小白同学和创客曾老师，下面就请他们做个自我介绍。

你好，我是小白同学！

我上5年级了，平时喜欢动手制作一些小玩意儿，特别喜欢玩有电的东西（当然，我会特别注意用电安全的）。我发现生活中很多带电的东西是用程序控制的，如电梯、停车场、智能家用电器等。如果我也会用程序控制各种电动的小玩意儿，那一定特别好玩！所以我最近特别想学编程，想通过编程控制各种电动的小玩意儿，学校老师建议我去做创客。

其实我最大的爱好就是“问问题”，我脑子里经常会有各种奇奇怪怪的想法，经常问得老师和家长答不上来，令他们很尴尬。我最近认识了创客曾老师，这个老师不怕问问题，而且什么都懂，好厉害的样子。他答应教我学掌控板编程，我好开心啊！

你好，我是创客曾老师！

我曾教过10年高中信息技术、通用技术课，2016年开始钻研创客和创客教育。我平时喜欢研究各种东西，学习各种新技术，喜欢爱问问题、思维活跃的学生，我独立研发过少儿编程、趣味掌控板编程、3D设计与3D打印、CAD与激光切割造物、Python编程、趣味科学实验、乐高科技与机械等多门课程，我的学生们都挺喜欢的，希望你也能喜欢！

就让我带着小白同学和大家一起来学习《趣味掌控板编程》吧，它适合5 ~ 8年级编程零基础的学生。只要你有一台计算机，有一块掌控板，就可以开启掌控板编程学习之旅了。在本书中，你将掌握掌控板上的主要板载硬件，通过完成一系列有趣的项目，掌握掌控板的一些基本操作、基本编程思想、基本电子知识，并能做出各种各样有趣又好玩，还有实用价值的小作品，成为一个初级小创客！

七、相关资源

本书涉及的所有程序和项目手册等资源都可以免费下载（下载方法见图书封底），有任何问题都可以在论坛互动专区进行交流，也欢迎大家积极分享自己的作品，与其他学习者碰撞出更多思维的火花。

八、致谢

感谢DF创客社区、盛思掌控板论坛、知识星球STEAM&创客教育能量站中广大网友和教师分享的各种优秀的案例和教程；感谢吴俊杰、朱现伟、康留元编写的创客教育普惠课程STEM之mPythonX@BEST课程掌控板，刘金鹏、裘炯涛、王小华编写的《来吧，一起创客》，李泽、陈婷婷、金乔编写的《计算思维养成指南》。这些案例、教程和图书给了我很多帮助和启发，让我能快速掌握掌控板，并将其运用到教学实践中，最终才能使本书得以成形。

感谢乌鲁木齐斐翔教育刘斐校长、陈刚副校长在我平时的教学中给予的大力支持，使我在教学中有任何想法和需求都能得以实现和满足。

感谢我的恩师——新疆师范大学刘卫军老师给我的点拨和帮助，使我在遇到困难时能够得到专业的指导和建议。

最后要真诚地感谢我的家人对我的支持和鼓励，没有他们，我可能没有勇气写这本书，没有他们的分担，我也无法抽出足够的时间完成本书，但是为了完成本书，我也失去了很多陪伴他们的时间和机会，如果本书能得到广大读者的认可，也许是对他们最大的安慰和回报。

由于本人能力有限，书中若存在错误和瑕疵，恳请广大读者批评指正，谢谢！

曾海威

2021年10月

第0课
课前准备

曾老师，我有个问题：为什么是第0课而不是第1课呢？

小白同学，你观察得很细，因为在编程语言中计数都是从0开始的，为了让大家提前适应这种计数方式，我把第1课改成第0课了。本课是先导课，用来帮助你全面了解掌控板。

哦，明白了！老师，什么是掌控板？它能干什么呢？

好，在正式上课之前我就先来介绍一下我们的新朋友——掌控板！

任务1：掌控板是什么？

掌控板是创客教育专家委员会、猫友汇、广大一线教师共同提出需求并与创客教育行业优秀企业代表共同参与研发的教具、学具，是为编程教育教学“量身定制”的开源硬件，其功能结构如图0-1所示。

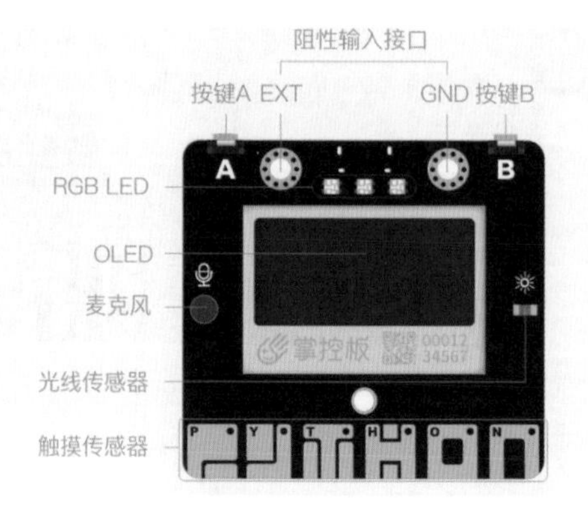

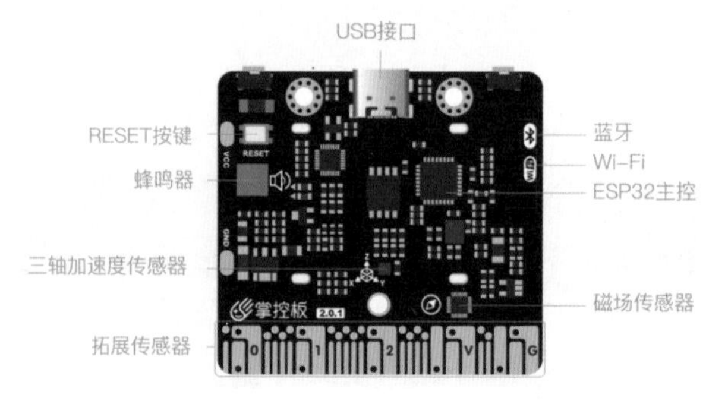

图 0-1　掌控板及其板载设备

哇，掌控板上的东西好多啊，它们都是什么呀？能干什么呢？

别急，我慢慢给你讲，请看表0-1。

表0-1　掌控板板载设备及功能

板载设备	功能
按键A、B	两个按钮，可以作为开关，能发出指令控制各种设备
阻性输入接口	用于接入各种阻性传感器，如光敏电阻等
RGB LED	3个彩色小灯珠，每个灯珠可发出256^3种颜色，即16777216种颜色

续表

板载设备	功能
OLED	掌控板的屏幕，分辨率为128像素×64像素，可以显示中文、英文、日文、韩文四种语言，也可以显示单色图像
麦克风	用于检测声音大小或用于语音输入
光线传感器	用于检测光线强弱
触摸传感器	6个触摸按键，当被触摸时可以作为开关，能发出指令，控制各种设备
USB接口	用于给掌控板供电、连接计算机
RESET按键	复位键，用于重启掌控板
蓝牙	蓝牙模块，可以通过蓝牙连接手机、笔记本电脑等
Wi-Fi	Wi-Fi模块，可以将掌控板与Wi-Fi连接
蜂鸣器	可以发出各种声音，如嘀嘀声或音乐
ESP32主控	掌控板的CPU
三轴加速度传感器	可以检测倾斜和晃动
磁场传感器	可以检测地球磁场，可以用作电子指南针
拓展传感器	可以外接各种各样的其他输入、输出设备，极大地丰富和拓展了掌控板的功能，要配合拓展板使用比较方便

掌控板是一个可玩性、可拓展性非常强的微型掌上电脑，集多种传感器、感应器于一身，配备一块OLED屏幕，支持Wi-Fi和蓝牙双模通信，可作为物联网节点，实现物联网应用。同时，掌控板支持主流的图形化编程软件及Python代码编程，可实现智能机器人、创客智造作品等智能控制类应用。利用掌控板上丰富的传感器，结合它尺寸小的特点还可以制作很多智能穿戴、电子饰品等各种DIY作品应用。掌控板可以帮助用户通过编程和制作将想法变为现实。掌控板还可以外接各种设备，如图0-2所示。

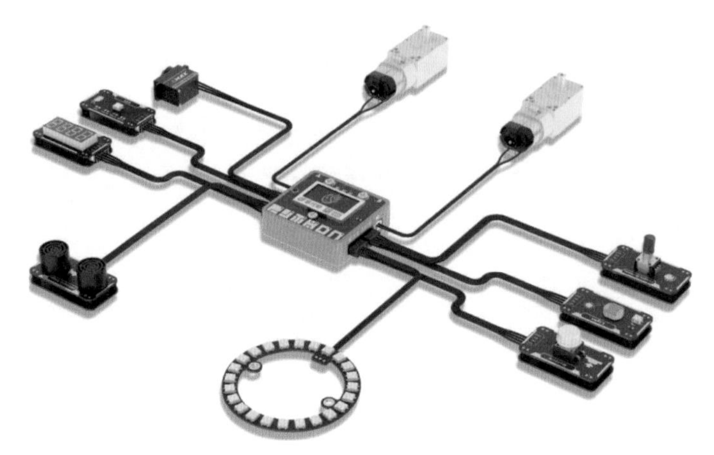

图 0-2　掌控板外接设备（需要用到拓展板）

明白了，掌控板的功能好强大啊！那么我该如何控制它呢？

我再给你介绍一位新朋友——mPython，有了它的帮助，就可以给掌控板编写程序了！
今天是第一课，我就讲细一点，以后类似的操作我就不再重复讲了，你要注意看啊！

任务2：如何控制掌控板？

掌控板的编程软件有很多种，常见的有盛思的mPythonX和mPython、DFRobot的Mind+、北京师范大学的Mixly等。本书以mPython作为编程软件进行教学，因为它有仿真功能，可以模拟掌控板进行一些简单程序的测试，还有科学探究功能，可以快捷生成实验数据。mPython既有适合初学者学习的图形化编程模式，又支持适合高阶用户使用的代码模式。在拖曳图形化编程积木时，会自动生成Python代码，而Python是近几年发展非常迅速，在全球很受欢迎且应用广泛的一种编程语言，所以使用mPython对学习Python也有一定帮助。综合各种因素，本书选择使用mPython作为编程软件，用来给掌控板编程，控制掌控板完成各项任务和挑战。

mPython分为普通模式（见图0-3）和教学模式（见图0-4）两种模式，可以自由切换，本书以普通模式为例进行介绍。

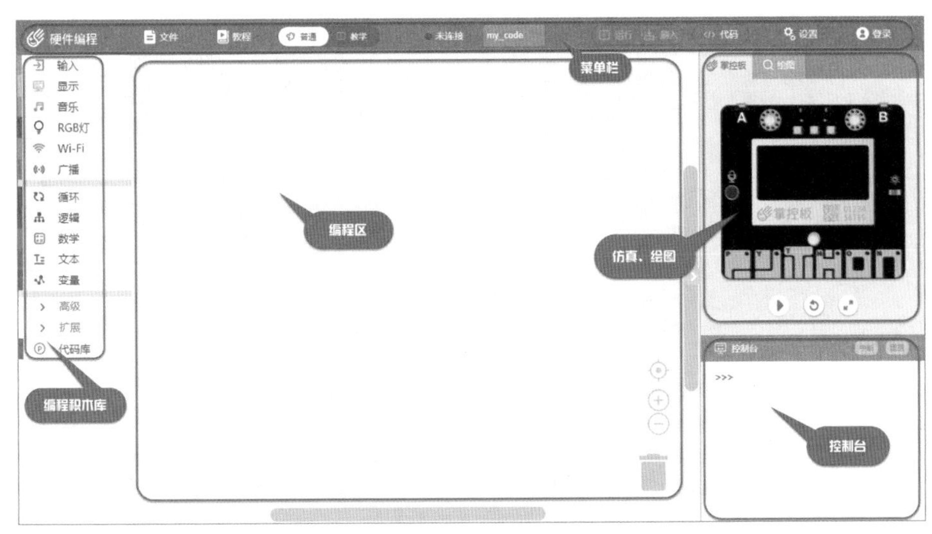

图 0-3 mPython 编程软件界面（普通模式）

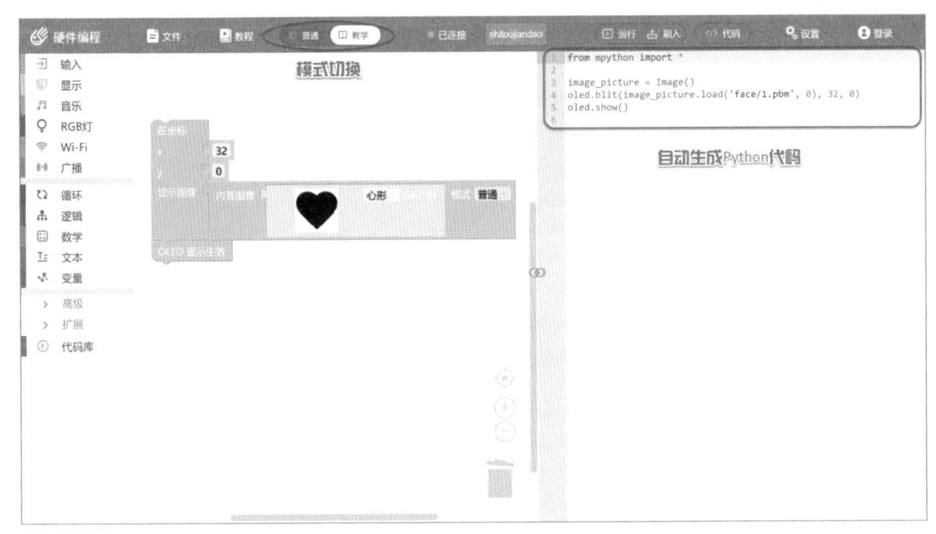

图 0-4 mPython 编程软件界面（教学模式）

安装好软件和驱动程序就可以给掌控板编程了。建议打开夜间开关，这样屏幕看起来不太刺眼，如图0-5所示。

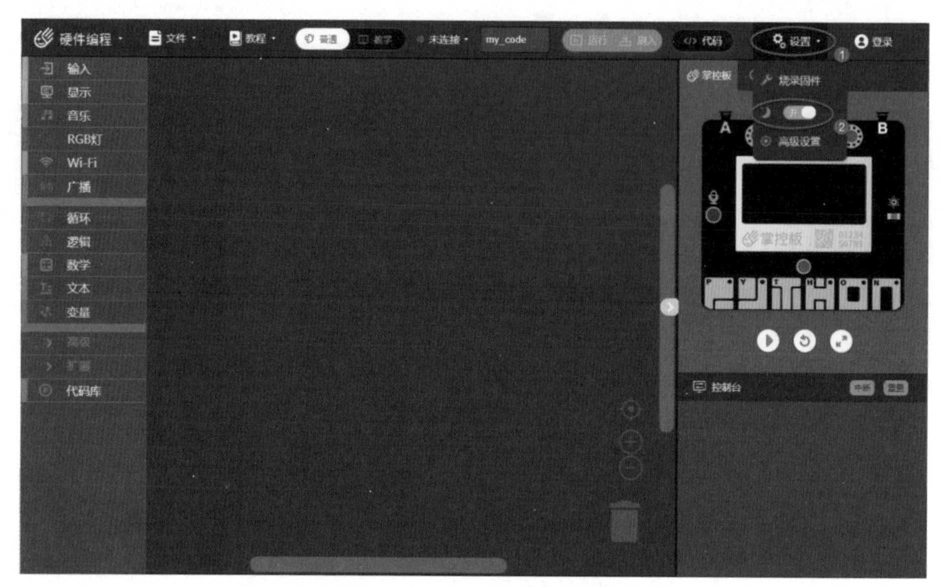

图 0-5　打开夜间开关后的界面

太好了，终于可以编程了，我已经有点迫不及待了！

第1课

石头剪刀布游戏

项目背景

石头剪刀布是我们平时经常玩的游戏，这个项目我们要实现通过摇晃掌控板，在掌控板的屏幕上随机显示石头、剪刀、布的图案，用掌控板来玩石头剪刀布游戏，如图1-1所示。

图1-1　石头剪刀布

曾老师，我已经等不及想要给掌控板编写程序了！咱们快点开始吧！

先别急，写程序前你要先想清楚要实现什么功能，可能会遇到什么问题，有问题才有目标，有目标才好行动！

嗯，我确实有很多问题：如何连接掌控板和计算机？如何让掌控板显示图片？石头剪刀布的图片从哪找？如何控制图片切换？……

很好，有疑惑才有动力，跟我继续学，你会逐一找到答案的。我们先来做个小任务，熟悉一下基本操作。

任务1：跳动的心——屏幕显示图像

1.【挑战1】在OLED中显示大心形，如图1-2所示。

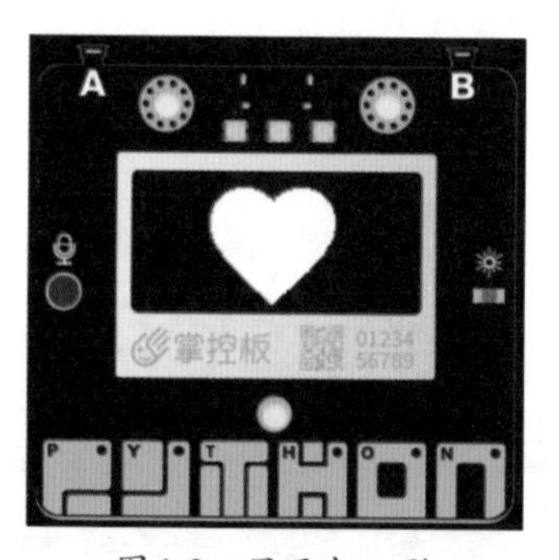

图1-2　显示大心形

在mPython中单击【显示】积木库，右侧会展开很多积木，如图1-3所示。

向下转动鼠标滚轮找到【显示图像】积木，按住鼠标左键把它拖曳到积木编程区中，如图1-4所示。

这时我们可以先利用mPython右上角的仿真模拟器测试一下这段程序，单击运行、停止按钮，看看能不能让掌控板的屏幕上显示图像，如图1-5所示。

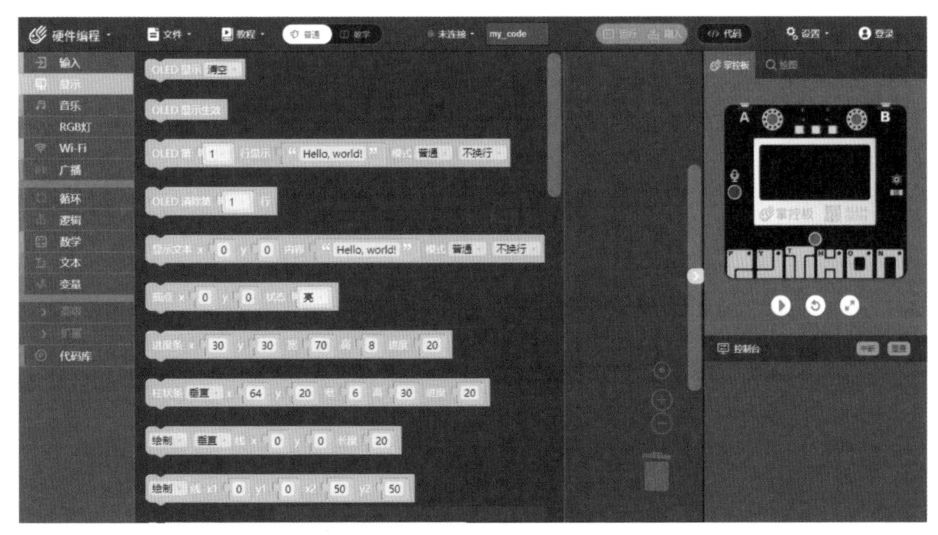

图 1-3 【显示】编程积木库

图 1-4 【显示图像】积木

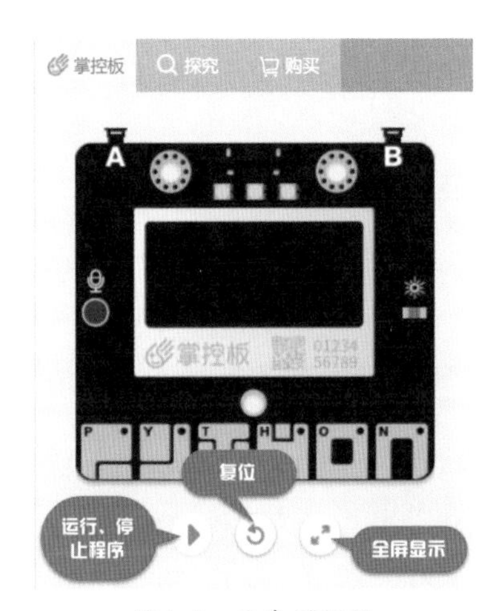

图 1-5 仿真模拟器

啊？怎么点了没反应呢？我哪里做错了吗？

要想让掌控板的屏幕正常显示，还需要用到一个不起眼的积木——【OLED显示生效】。请你在【显示】积木库中找到它，并拖曳到【显示图像】下方，它们会自动吸附拼接在一起，如图1-6所示。

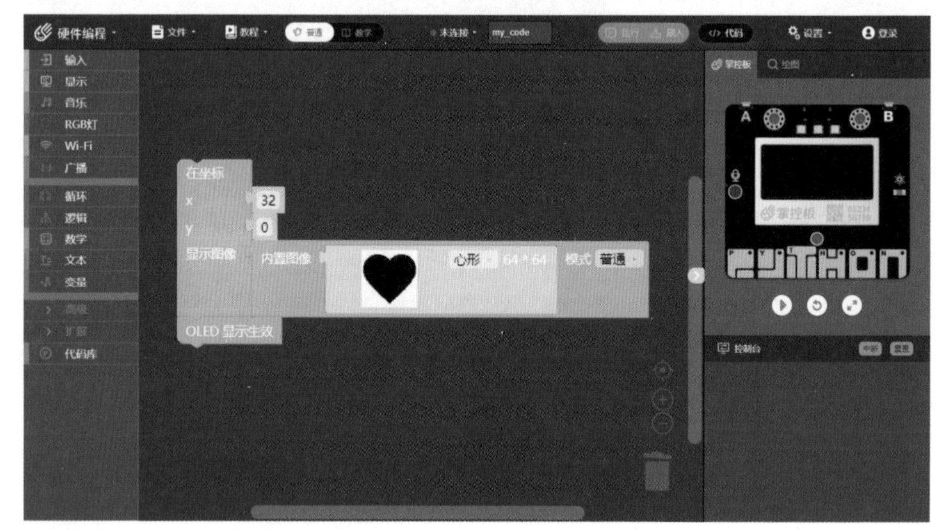

图1-6 【OLED显示生效】积木

现在你再用仿真模拟器试一试吧！

哇，成功啦！

老师，我有个问题：刚才显示生效前面的英文字母“OLED”是什么意思？

我来给你科普一下吧！

什么是OLED?

有机发光二极管（Organic Light-Emitting Diode, OLED），又称为有机电激光显示、有机发光半导体，是一种利用多层有机薄膜结构产生电发光的器件，它很容易制作，而且只需要较低的驱动电压，这些主要特征使OLED在满足平面显示器的应用上显得非常突出。OLED显示屏比LCD（Liquid Crystal Display，液晶显示屏）更轻薄、亮度高、功耗低、响应快、清晰度高、柔性好、发光效率高，能满足消费者对显示技术的新需求。

【OLED显示生效】就相当于屏幕的开关，有了它，屏幕才能正常显示图像或字符，没有它，就无法显示出来。

2.【挑战2】过1秒后显示小心形，如图1-7所示。

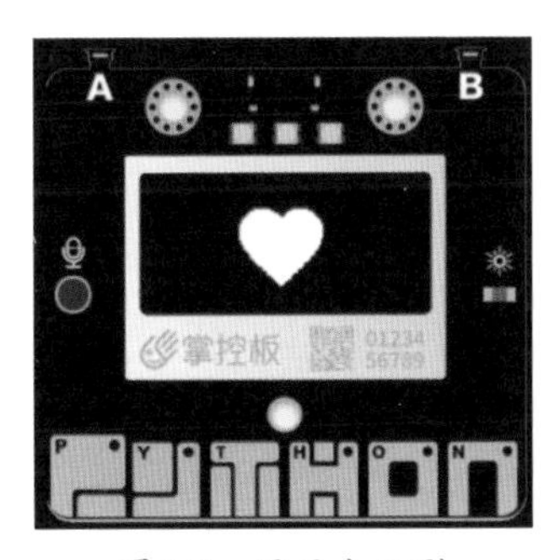

图1-7　显示小心形

老师给你一个线索，去【循环】积木库里看看，哪个积木可以用得上？希望你能养成自主探究的好习惯！

找到了！我把 等待 1 秒 拼到显示生效后面试试。

老师，又有问题了，小心形是从哪里找到的？

找之前我先给你讲个小技巧。

如果需要显示另一个图像，一种操作是在【显示】积木库中再拖出一个【显示图像】积木，但是还有更简便的方法，就是在之前的【显示图像】积木上单击鼠标右键，选择【复制】就可以了，如图1-8所示。

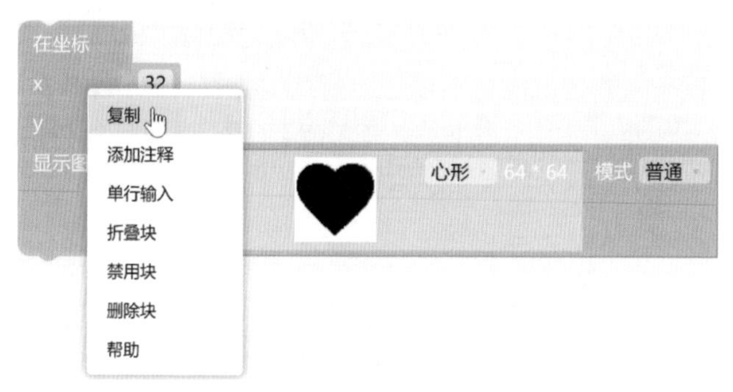

图1-8　复制积木

然后单击【心形】，会弹出一个下拉菜单，选择【心形（小）】即可，如图1-9所示。这里还隐藏着很多图片和表情，你可以自己试一下，看看里面都有什么，可以用仿真模拟器看看效果。

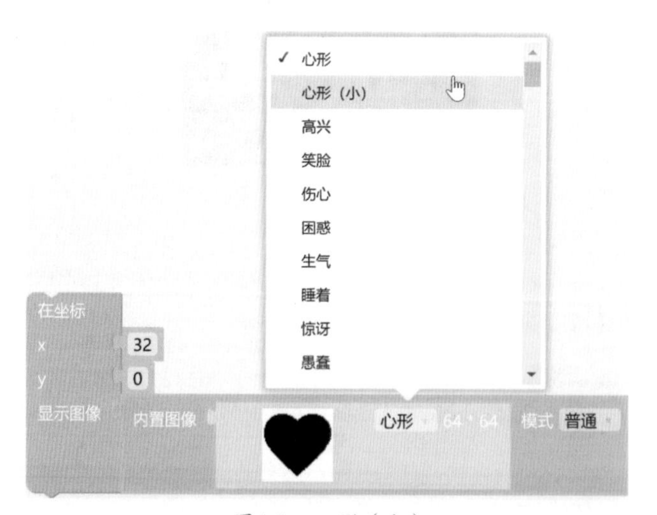

图1-9　心形（小）

哇，这里面的图片好多呀！
咦，老师，我的屏幕上怎么一直显示大心形，没有变呢？

你是不是忘了在它后面加上【OLED显示生效】了?

嘿嘿，的确忘了……我加上以后就好了！我的心形能切换啦！

好棒！通过这个案例，我们发现程序是按照从上到下的顺序来运行的，所以屏幕上先显示了大心形，1秒后再显示小心形，然后程序就停止了，我们把这种按自上而下的顺序依次逐行运行的程序结构称为顺序结构。它也是程序中最基本的一种结构。

3.【挑战3】按下按键A显示大心形，按下按键B显示小心形。

现在请你去【输入】积木库里看看吧。

我找到了：当按键 A 被 按下 时，它长得像个帽子。

这种像个“帽子”的积木可以作为其他积木的开始，当这个“帽子”积木中的事件发生时，它后面连接哪些积木，就会运行相应的程序。我们把当某些事件发生了就运行相应程序的这种模式称为事件驱动。对于掌控板来说，这些事件就是：当某按键被按下或触摸时，当它被摇晃时，当它被倾斜时，或者当某个条件满足时等。

单击积木中“A”旁边的下拉菜单，还可以切换不同按键，你自己试一试吧。

老师，我按下A、B按键可以切换图片了！你看我写的程序对不对？如图1-10所示。

哎呦，不错！这次我来问你一个问题：你为什么把【等待1秒】删掉了？你是怎么删掉的?

因为我发现【等待1秒】会让程序反应变慢，我快速按下A、B按键的时候程序会卡顿，我发现把【等待1秒】用鼠标左键拖回积木库或拖到右下角的垃圾桶就可以把它删掉，删掉以后就好了。

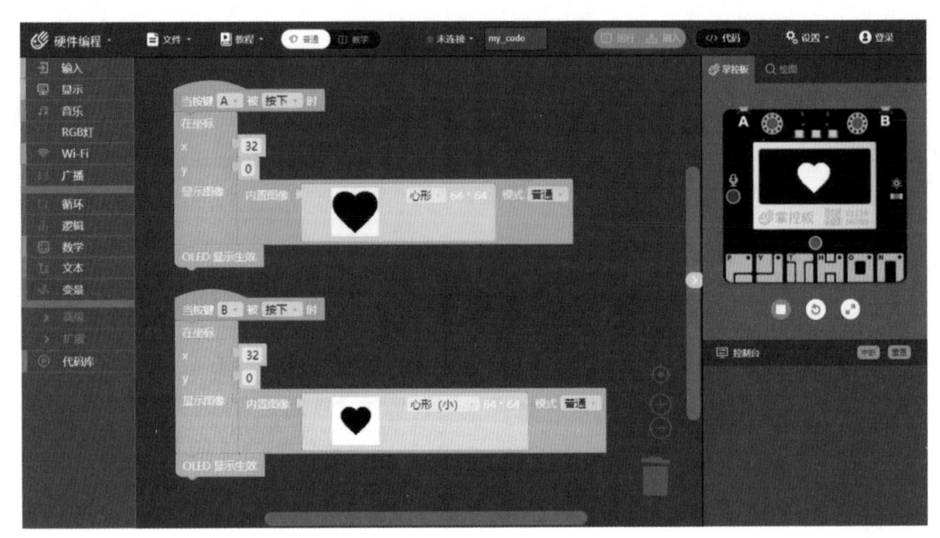

图 1-10　按下 A、B 按键切换图像

小白同学，你太棒了！这么快就会自主探究了啊！为你点赞！现在你已经实现了手动控制切换图像，这样切换起来是不是有点累呀？

4.【挑战 4】如何让心形不停地跳动起来？

再给你一个线索，在【循环】积木库里找找看哪个积木可以帮你实现自动重复切换图像的效果？

老师，是不是这个：一直重复 执行，它长得比较奇怪，像个“大嘴巴”，我用它“咬住”切换两个图像的积木试试。

老师，我成功了！可是有点问题，这个心脏跳得太快了，都快看不清楚了，请你帮我看看我的程序哪里出问题了？如图 1-11 所示。

【一直重复】积木会以很高的速度重复运行它内部的程序，根据程序的复杂程度大约每秒钟重复运行几十次到上千次不等。这种重复循环执行某段程序的结构被称为循环结构，所以这两个图片会以很快的速度重复交替显示，建议每次显示完一张图片后加上【等待 1 秒】再试试看，注意【等待 1 秒】放置的位置，应该在【OLED 显示生效】之前还是之后呢？

一直重复
执行 在坐标
x 32
y 0
显示图像 内置图像 心形 64 * 64 模式 普通
OLED 显示生效
在坐标
x 32
y 0
显示图像 内置图像 心形（小） 64 * 64 模式 普通
OLED 显示生效

图1-11 一直重复

我觉得应该放在【OLED显示生效】之后，如果放到前面，刚开始运行程序的时候会黑屏1秒，然后才显示图像，感觉有点怪。老师，这个等待的时间可以修改吗？我想改变心脏跳动的速度！

你解释得很棒！时间当然可以修改，在mPython中所有含数字或文字的方框内的字符都是可以修改的，秒这个单位也可以修改。
我来考考你：你知道秒（s）、毫秒（ms）和微妙（μs）之间该怎样换算吗？（μ是希腊字母，读作miù。）

嘿嘿，我用百度搜一下：1秒=1000毫秒，1毫秒=1000微秒。

会用搜索引擎获取知识，好习惯，值得称赞！
告诉你一个规律，毫级（m）单位和上一级单位，还有毫级和微级（μ）之间都是1000的换算关系，如1米（m）=1000毫米（mm），1毫米=1000微米（μm），1升（L）=1000毫升（mL），1毫升=1000微升（μL）……这样是不是一下子都记住了？

原来如此，记住了！老师，“任务1”已经完成了，我想把程序保存下来该怎么操作呢？

问得好，看我给你演示一下。

第一步：选择【文件】菜单中的【保存本地】，如图1-12所示。

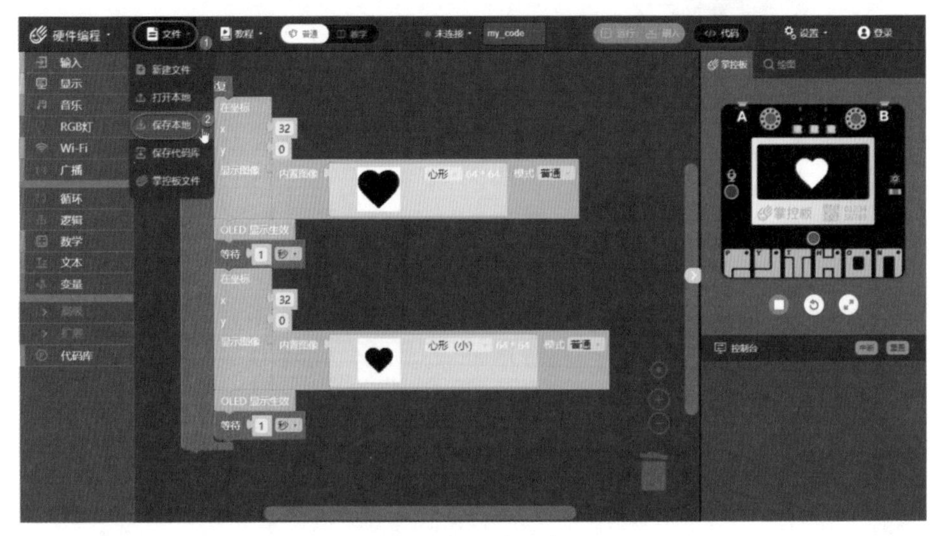

图1-12　保存本地

第二步：在弹出的对话框中选择【.mxml】，如图1-13所示。

图1-13　选择保存格式

第三步：选择文件保存路径，建议在桌面或某个硬盘分区（如D:盘或E:盘）中新建一个文件夹，作为存放自己作品的专属文件夹，如用“×××的掌控板编程作品”来命名这个文件夹，如图1-14所示。

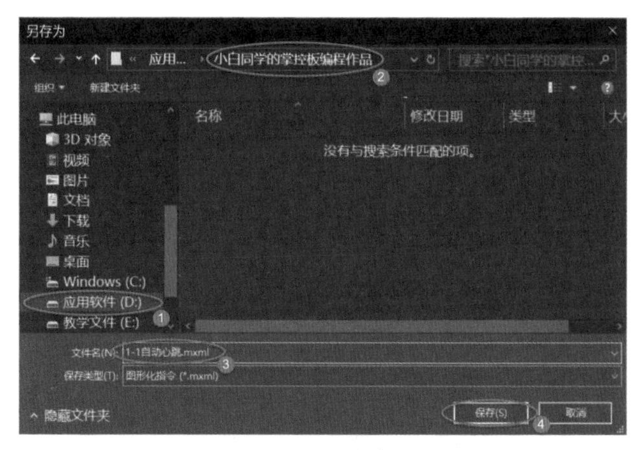

图1-14　保存文件

强烈建议文件名按照“课时号-任务号+任务名.mxml”这种方式来命名，如“1-1自动心跳.mxml”，然后单击【保存】按钮。保存好之后，会在这个文件夹中生成一个文件，如图1-15所示，这就说明你的程序已经保存成功了！这样做虽然比较麻烦，但是便于管理文件，等你以后保存的程序多了也不至于混乱，一看文件名就知道是什么程序，会带来很多便利。在今后的学习过程中一定更要养成规范管理文件夹和文件的好习惯！

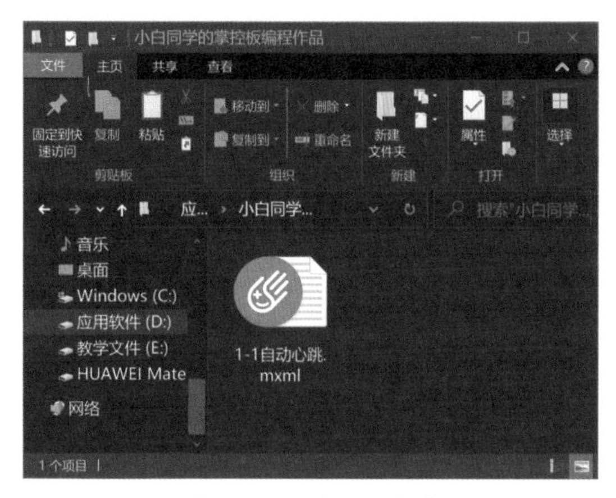

图1-15　保存后的文件

任务2：石头剪刀布——事件驱动

1.【挑战1】触摸键切换石头剪刀布。

小白同学，这个任务请你自己独立完成好吗？方法我们之前都讲过了，相信你可以自己完成的！触摸键和A、B按键一样都在【输入】积木库中。完成后请给我展示一下你的程序。

嗯嗯，我可以！老师，我做完了，你看看对不对？如图1-16所示。

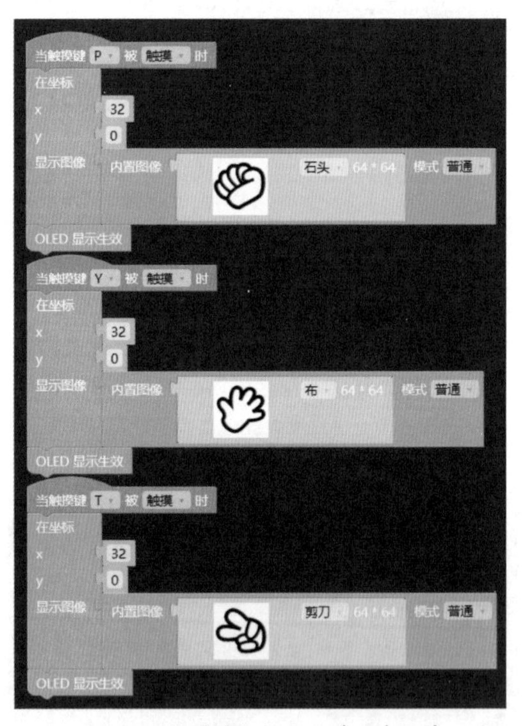

图1-16　触摸键切换石头剪刀布程序

嗯，不错！又快又准确！请你找个同学玩一玩，试试好不好玩？

哦，老师，我又发现问题了！我总是按这3个键，很容易被对方记住，记住以后我就赢不了了！

哈哈，的确如此！请你按照之前的要求保存一下这个程序，让我们再试试用别的方法切换石头剪刀布吧！

2.【挑战2】摇晃随机切换石头剪刀布。

老师，我刚才好像看到过有【当掌控板被摇晃时】积木，应该在【输入】积木库里，让我先试试好吗？

很好，有想法就去大胆试一试，验证一下自己的想法。

老师，这个程序用仿真模拟器进行测试好像不太方便。

是的，仿真模拟器现在虽然可以模拟摇晃，但是这个功能还不完善。下面我来教你怎么把程序传到掌控板上去。

第一步，将数据线的Type-C接口连接到掌控板的Type-C接口，如图1-17所示，另一头连接到计算机的USB接口，如图1-18所示。

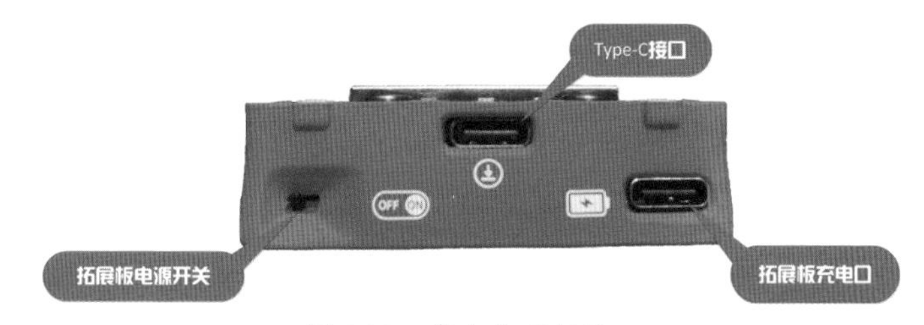

图1-17　掌中宝顶部接口

第二步，检查是否连接成功，如果mPython菜单栏中间显示【已连接】并且红点变绿点，就表明已连接成功，如图1-19所示。如果未连接成功，检查连线无误后单击【未连接】，选择【连接COM12】。注意：不同设备COM后的数字不同，所以你的计算

图1-18　连接计算机

机显示的不一定是COM12，但不影响连接。

图1-19　已连接

第三步，单击菜单栏中的【刷入】，控制台中会有刷入进度和很多信息闪过，最后会显示【刷入成功】，这样程序就可以传到掌控板中了，如图1-20所示。

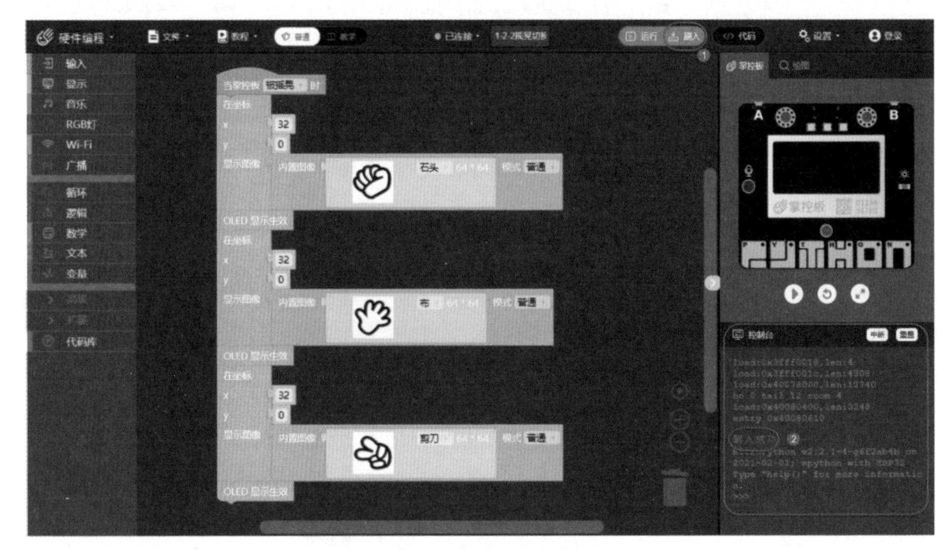

图1-20　刷入程序

第四步，摇晃掌控板，测试程序。

现在你把程序刷入掌控板测试一下吧！

老师，我刷入成功了，可是石头和布一闪而过，最后显示在屏幕上的每次都是剪刀，这是为什么呢？

初次编程大家都会像你这样思考问题，之前讲过程序是从上往下依次顺序执行的，而且运行得很快，所以程序运行后就会出现你说的情况，要想解决这个问题，需要学习一些新知识。

知识拓展

老师给你分享一种思路，看看你能不能理解。

我们想实现摇晃掌控板随机切换石头剪刀布的效果，首先得让石头、剪刀、布与3个数字对应起来，如0，1，2。当掌控板被摇晃时，随机产生3个数字，如果产生的随机数是0，就显示石头；如果是1，就显示剪刀；如果是3，就显示布。这样每摇晃一下掌控板，就会生成一个新的随机数，图像也会随之改变。

老师的方法好棒啊，我可以理解，可是怎样产生随机数？又怎样把图像和数字对应起来呢？

这里就要学习两个新知识点了：变量和随机数。

一、随机数

“随机数”顾名思义就是随机产生的数，类似于咱们常说的“随便”，每次产生的数都可能不一样，当然也有可能连续几次都是一样的数，因为是随机的，“一切皆有可能”，使用时你一定要告诉它从几到几，要限定一个范围，请你在【数学】积木库中找到【从1到100之间的随机整数】积木，如图1-21所示。

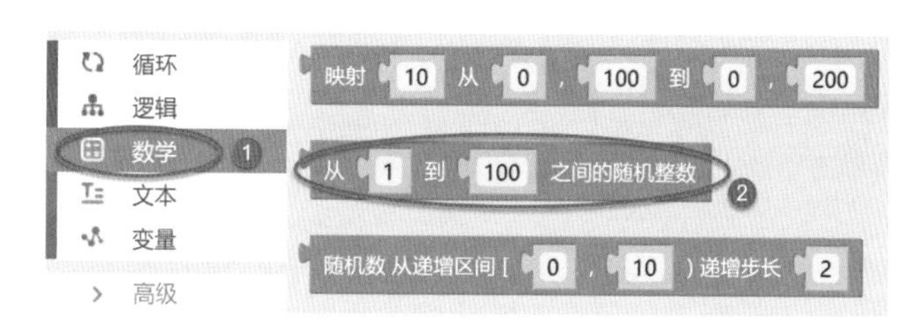

图1-21　随机数

这里的随机数范围应该设为几到几呢？

1到3！

可以，不过按照我一开始讲的，咱们要逐渐习惯从0开始计数，咱们不妨就改成从0到2吧。

老师，这个积木感觉不太完整，前面是不是还少了点什么呢？

你观察得很仔细啊！的确，我们需要一个“盒子”把随机数装起来，这样才便于我们使用。

编程里还有盒子？什么盒子？

这个盒子就叫作【变量】！

二、变量

“变量”是指没有固定的值，可以改变的量（可以是数据，也可以是字符），例如，你的身高、体重、年龄等，变量就可以当作存放数据的“盒子”，你可以在【变量】积木库中单击【创建变量】，如图1-22所示。

之后会弹出一个面板，让你输入变量名，如图1-23所示。

图1-22 创建变量

图1-23 输入变量名

变量的名字可不能随便起，是有命名规则的。

最基本的规则：不能用中文命名，不能以数字开头，不能用Python中的保留字等，具体的我们在后面的课程再讲解，今天咱们第一次用，就用拼音起个简单好记的名字：suijishu，起好名字以后你会发现【变量】积木库中多了几个积木，如图1-24所示。

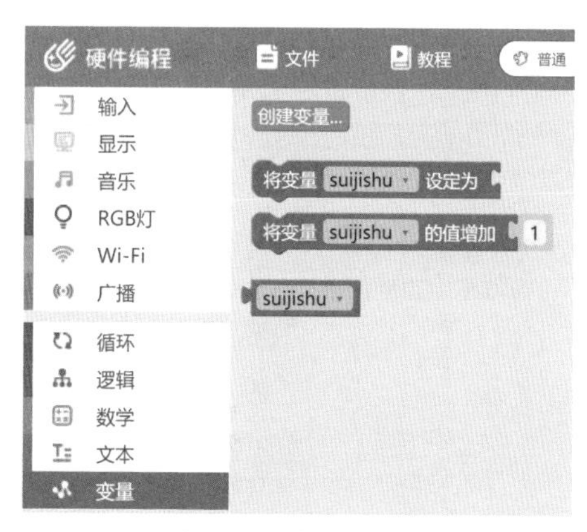

图1-24 随机数变量

这三个积木怎么用呢?

本节课只能用到第一个和第三个，第二个以后需要用的时候再讲。

所有的变量在使用前都要给它赋值后才能使用，这里我们把之前的随机数（随机整数0到2）和它拼接在一起，如图1-25所示。

图1-25 将变量赋值为随机数

既然说到了变量，我就顺便说一下常量。

三、常量

【常量】就是固定不变的量。如你的身份证号码、圆周率π等。

老师，如果随机数为0，就显示石头怎么做呢?

这里就需要用到【逻辑】积木库里的【=】和【如果】积木了，【如果】后面跟的就是条件，条件满足就执行它所包含的相应程序，我们把这种能根据条件进行判断、根据判断的结果来控制程序的流程的结构称为选择结构，如图1-26所示。

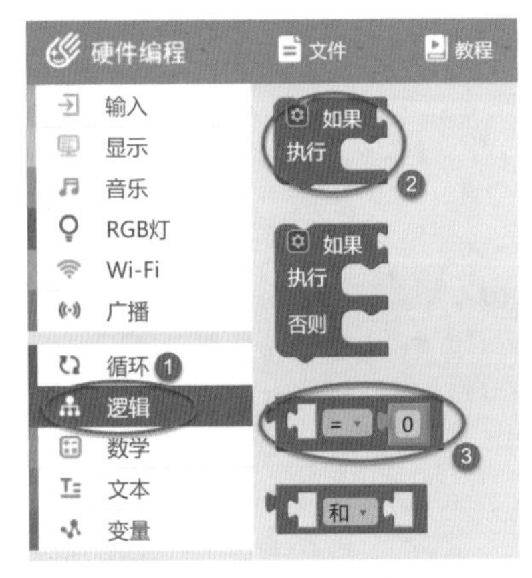

图1-26 【如果】和【=】积木

老师，“=”号前面应该放什么?

你在【变量】积木库中找到 suijishu ，填进去就可以了。

哦，我懂了，老师你先别讲，让我自己先试试行吗?
老师我做完了，你看看我的程序对不对? 如图1-27所示。

你好厉害呀，一次成功! 快刷入掌控板试试吧!

成功啦! 好酷啊!

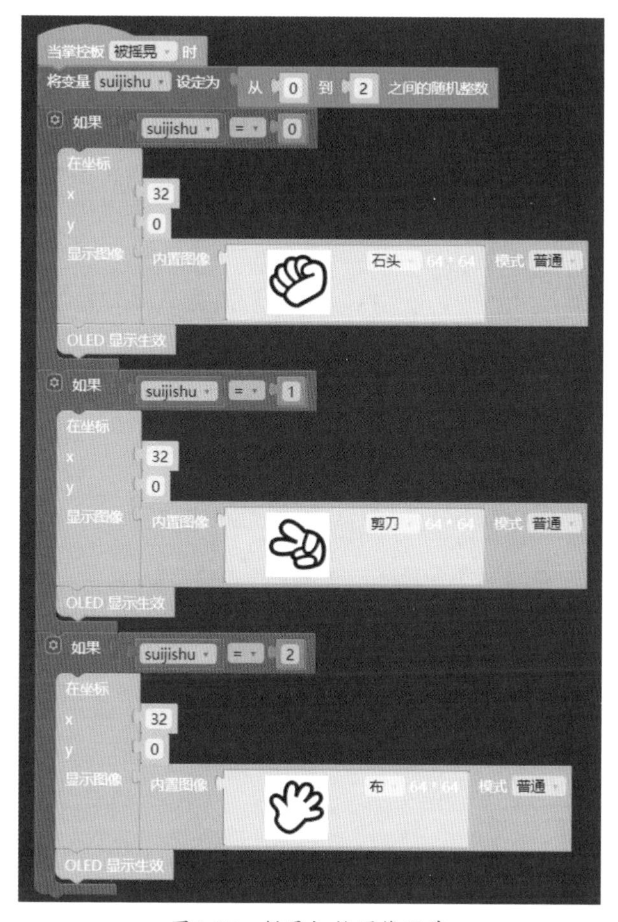

图 1-27 摇晃切换图像程序

快去和你的同学玩一玩吧！大家随机两两比赛，看看谁是最终的赢家！

好的！老师，我发现不管用手还是用掌控板，输赢概率都差不多。

哈哈，一切皆有可能，这正是随机数的迷人之处！石头剪刀布本身就是个概率游戏，跟你用什么方式玩没有关系，所以它对谁都是公平的，因此它才这么好玩呀！

小白同学，你有没有想过，还能增加哪些功能，可以让这个石头剪刀布游戏更加炫酷呢?

如果晃动时能发出声音，还能发出彩色的光芒就更炫酷了!

很好，想法不错！老师还有几个想法：自动记分、两个甚至三个掌控板互动，比如赢了出一个声音、闪一种颜色的光，输了出另一种声音、闪另一种颜色的光，还有一块裁判掌控板负责记分。

哇，好厉害啊，老师你能教教我吗?

这些功能在今后的课程中都会学到，到时候你可以回过头来再改进一下今天的程序，让它更炫酷、更好玩!

哇，好期待!

请你利用课余时间试一试能否实现上面提到的那些效果，或者你有其他的更精彩的创意，请你尝试把它实现，实现不了的先写下来，等学会相应知识以后再逐渐完善。欢迎你把作品以图文或视频的方式上传到论坛里和大家展示、分享，遇到问题也可以在论坛里向大家求助。

知识网络

本课知识结构网络如图1-28所示。

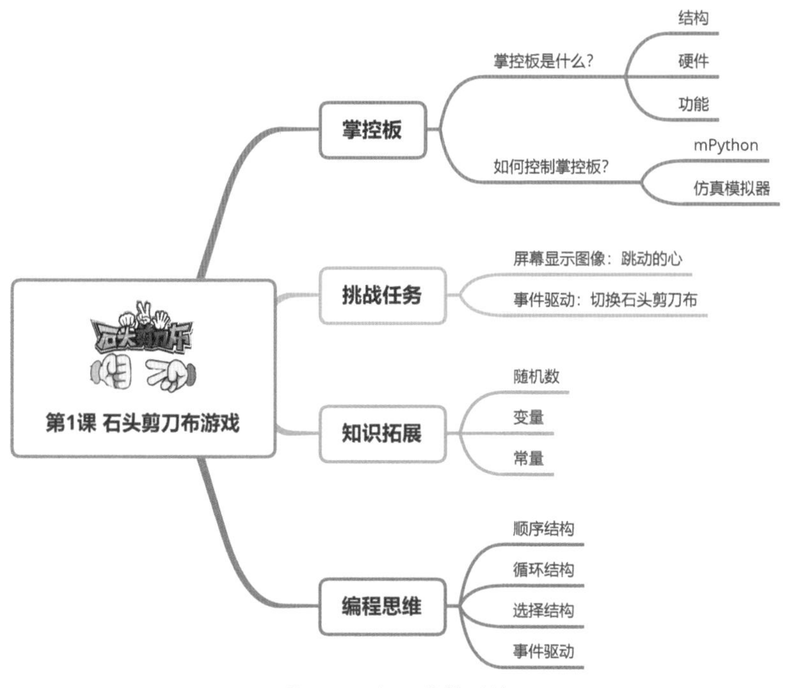

图 1-28　知识结构网络

项目手册

（1）请填写掌控板上各种板载设备的名称。

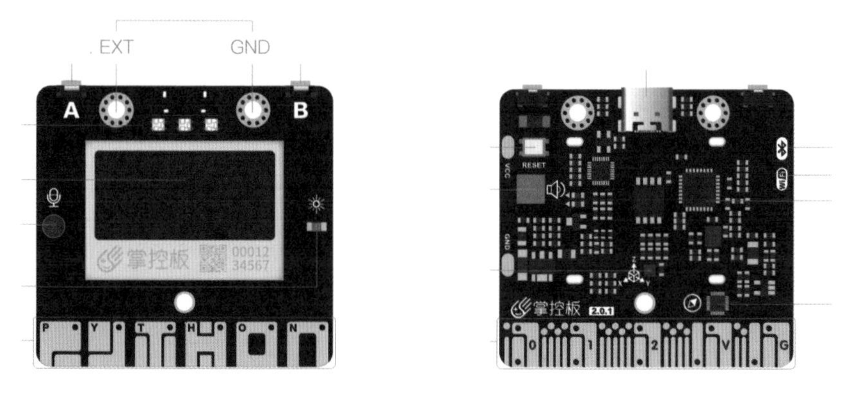

（2）请填写 mPython 软件界面各功能区的名称。

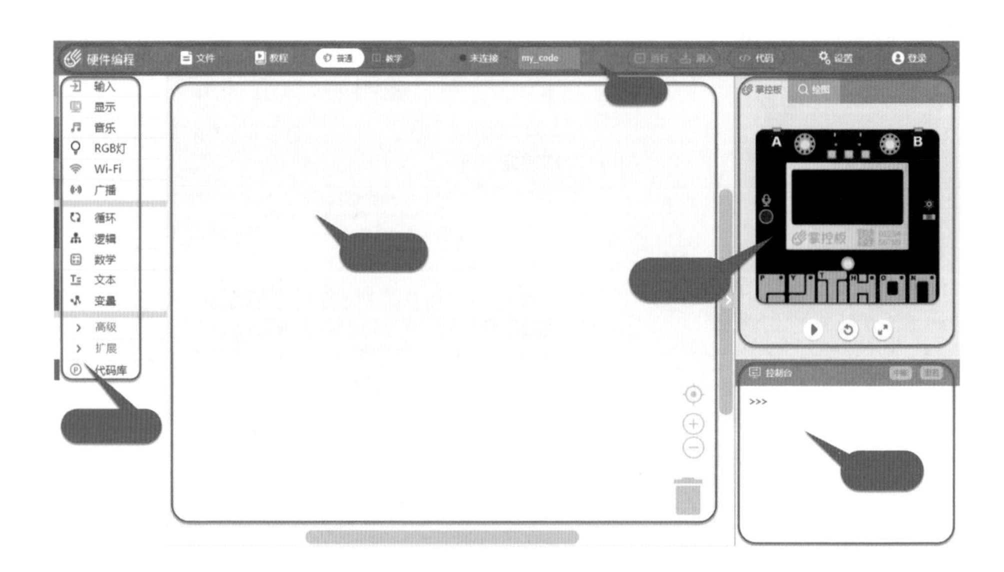

（3）核心编程积木。

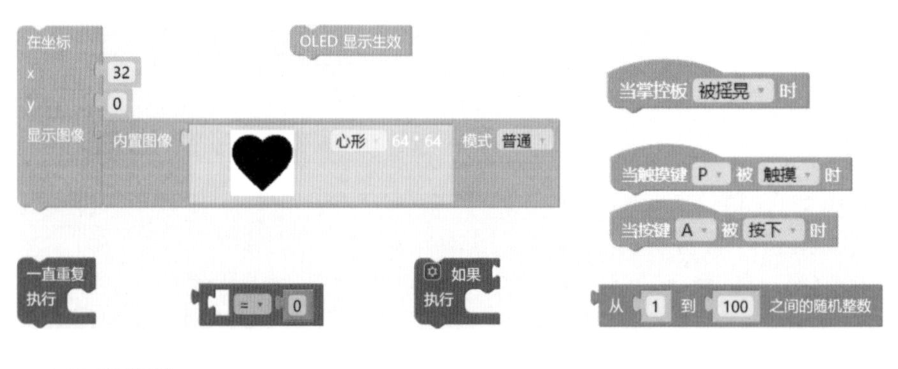

（4）随机数。

【随机数】就是______的数，每次产生的数可能是______，也可能是______，使用时要限定______，在【______】积木库中可以找到它，在本课的案例中应该填 从 到 之间的随机整数 。

（5）变量。

【变量】是指________的量（可以是______，也可以是______），可以在【变量】积木库中单击【______】来新建一个变量。

（6）常量。

【常量】就是______的量。如______、______等。

（7）编程基础。

按______的顺序______运行的程序结构称为【顺序结构】。

____________执行某段程序的结构称为【循环结构】。

能根据______进行______，根据______来控制程序的流程的结构称为【选择结构】。

当______发生了就运行相应程序的这种模式称为【事件驱动】。

第2课

听话的字符

项目背景

我们经常在出租车、公交车、户外广告牌等很多地方，看到各种各样的电子屏，如图2-1所示。上面显示着广告、车站名或招牌，它们的功能比较单一，就是用来显示字符的，只是有的字会动，有的不会，你知道它背后的原理吗？它是如何显示文字的呢？

图2-1　公交车电子屏

确实经常见到，不过是什么原理还真没了解过。曾老师，掌控板怎样实现这个功能呢？

掌控板除了能显示图像以外，更多时候我们用它来显示字符，本课我们就来学习用掌控板显示字符吧！

任务1：你好，世界！——显示字符

1.【挑战1】在OLED的第1行中显示英文“Hello，world!”，如图2-2所示。

图2-2　显示“Hello，world!”

这个任务比较简单，小白同学，你自己尝试一下好吗？

嗯，我记得上节课在【显示】积木库中看到过显示文字的积木，老师，这里面有两个显示“Hello，world！”的积木，如图2-3所示，我该用哪个呢？

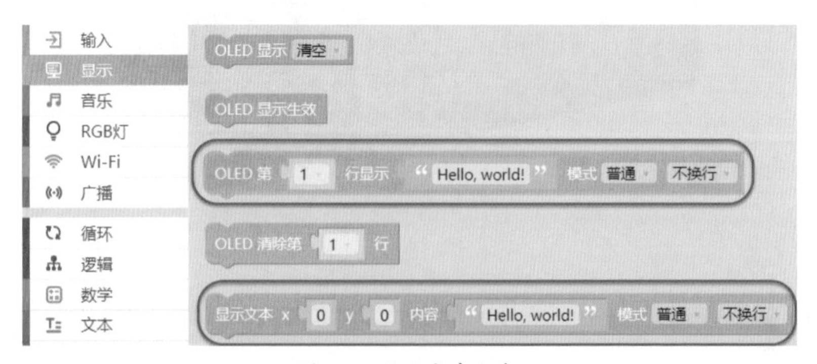

图2-3　显示文字积木

我们第一次使用，就用第一个吧！记得要加上【显示生效】积木。

老师，搞定了！

小白同学，你看到这个积木后面有个“模式”了吗？你试试看都有哪些模式，它们分别是什么样的显示效果？

老师，我发现除了“反转”是白底黑字以外，其他3种模式都是一样的，它们有什么区别呢？

好的，我来解释一下：“普通模式”文本显示白色，背景为黑色；“反转模式”文本显示黑色，背景为白色；“透明模式”文本意味着文本被写在已经可见的内容之上。不同之处在于，以前屏幕上的内容仍然可以看到。“XOR模式”如果背景是黑色的，效果与普通模式相同；如果背景为白色，则反转文本。
这几种模式你了解一下就可以了，不必纠结用哪种，我们平时常用的就是“普通模式”和“反转模式”这两种。

2.【挑战2】在OLED的第2行中显示中文“你好，世界！”，如图2-4所示。

图2-4 显示“你好，世界！”

老师，这个简单，让我试试吧！

告诉你个小秘密：你别看掌控板的屏幕小小的，但是它可以直接显示中、英、韩、日4国语言呢，如图2-5所示。

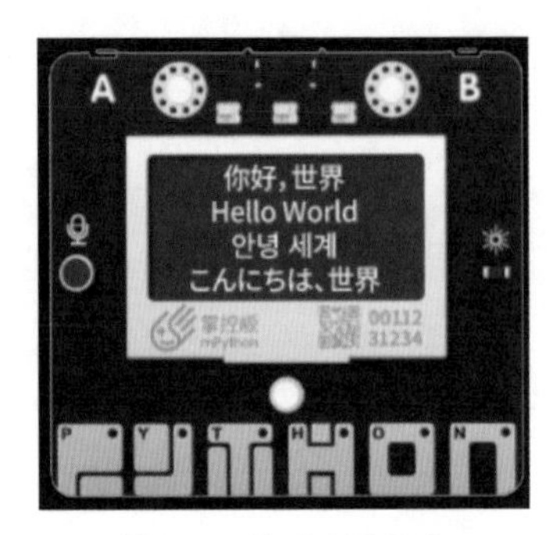

图2-5　显示4国语言

好厉害！

3.【挑战3】新学期目标。

新学期开始了，请你给自己立个目标吧，在屏幕上用4行文字，显示你本学期想实现的4个目标。

嗯，我想想……老师，我的第4行字有点长，没有显示完整，怎么办？你快帮我看一下吧，如图2-6所示。

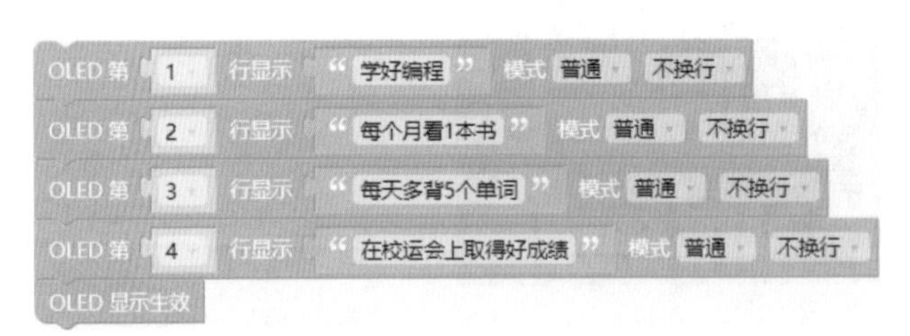

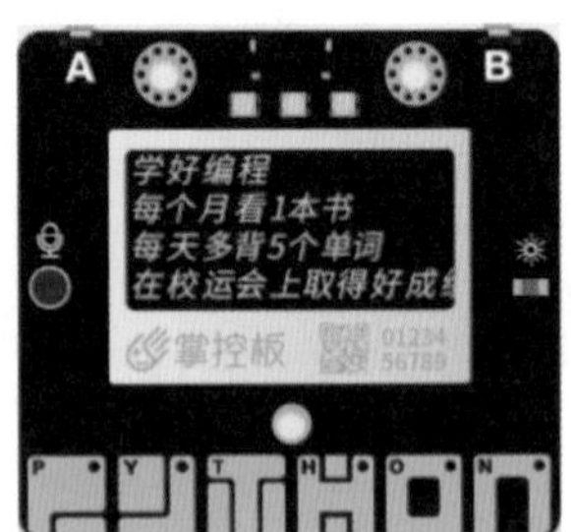

图2-6　显示“4个目标”

这是因为屏幕空间有限，字数过多以后屏幕就显示不下了，如果只有一行文字，我们可以选择【自动换行】，让多出的文字显示到下一行，如果像你这样有4行文字就显示不下了，等我们下一课学会做滚动字幕之后，就可以解决这个问题了！

4.【挑战4】一秒显示一个目标。

你能让屏幕每过1秒就显示1个目标吗？直到4行都显示完成后，再不断重复。

可以，加上【循环】积木库中的【等待1秒】积木就行了！我试试！

老师，为什么我的屏幕先是黑屏一会儿，然后突然就同时显示出了4行文字呢？而且显示出来以后就再也不消失了，你帮我看看吧，如图2-7所示。

```
一直重复
执行 OLED 第 1 行显示 "学好编程" 模式 普通 不换行
     等待 1 秒
     OLED 第 2 行显示 "每个月看1本书" 模式 普通 不换行
     等待 1 秒
     OLED 第 3 行显示 "每天多背5个单词" 模式 普通 不换行
     等待 1 秒
     OLED 第 4 行显示 "在校运会上取得好成绩" 模式 普通 不换行
     等待 1 秒
     OLED 显示生效
```

图2-7 每秒显示一个目标（有误）

这是因为你的程序中只有一个【OLED显示生效】，我们之前讲过程序是从上到下逐行运行的，有【OLED显示生效】的时候屏幕上才能显示文字或图像，所以我们要给每行字后面都加一个【OLED显示生效】。

老师，这次好多了，可以一行一行地显示出来了，但是又出现了新问题，4行文字显示完后不会消失，这是为什么呢？

想清空屏幕就需要用到【显示】积木库中的一个新的编程积木：OLED 显示 清空，你想想它应该放在程序的什么位置呢？

哦，我明白了，这下没问题了，老师你看看我的程序吧，如图2-8所示。

```
一直重复
执行 OLED 显示 清空
     OLED 第 1 行显示 “学好编程” 模式 普通 不换行
     OLED 显示生效
     等待 1 秒
     OLED 第 2 行显示 “每个月看1本书” 模式 普通 不换行
     OLED 显示生效
     等待 1 秒
     OLED 第 3 行显示 “每天多背5个单词” 模式 普通 不换行
     OLED 显示生效
     等待 1 秒
     OLED 第 4 行显示 “在校运会上取得好成绩” 模式 普通 不换行
     OLED 显示生效
     等待 1 秒
```

图2-8　显示4行目标

嗯，不错，【OLED显示清空】【OLED显示】和【OLED显示生效】这3个积木我们经常配合在一起使用，老师给它们起了个外号，叫作“显示三件套”，以后我们会经常用到的。
你赶紧用仿真模拟器或刷入掌控板试一下吧！

哈哈，“显示三件套”，我记住了。欧耶，成功了！

这些目标可不是随便说说就完了！一定要说到做到！等学期末希望你的目标都能实现，加油！

任务2：听话的字符——巧用坐标进行定位

1.【挑战1】在屏幕正中央显示“我爱掌控板”。

啊？刚才的方法只能让文字靠左写，那我输入几个空格试试！

老师，我试了不行，用加空格的方式，虽然能在文字前方空出位置，但是位置不准确，而且只能勉强显示在第2行或第3行的中间，无法显示在屏幕的正中间，这该怎么做呢？

嗯，你善于思考，敢于尝试，这一点非常好！想解决这个问题，就需要了解OLED显示屏的显示原理，这里需要掌握像素和坐标的知识了。

知识拓展

我们的手机、计算机、电视等各种屏幕都是由一个一个的小方点组成的，每个点称为一个像素（Pixel）。在使用时我们只要告诉它们，每个像素是熄灭还是点亮，是什么颜色，按照一定的顺序就可以拼出来任意的字符或图案，这就是电子屏幕显示字符和图像的原理。

我们使用的掌控板上是一块1.3英寸（1英寸=2.54厘米）的OLED显示屏，分辨率为128×64，所以这块屏幕也称为OLED12864，即屏幕的每行有128个像素，每列有64个像素，一共有128×64个像素。我们把掌控板屏幕用放大镜放大后看到的一个个小方格子就是像素，如图2-9所示。

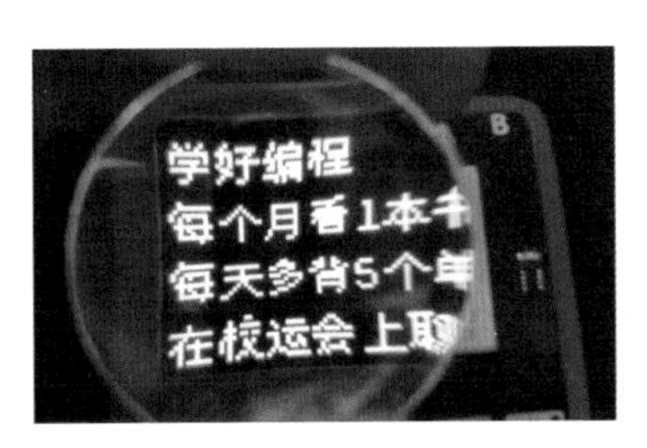

图2-9 像素

屏幕的分辨率就是屏幕上像素的数量，在屏幕尺寸相同的情况下，屏幕分辨率越高，显示效果就越细腻。图像的分辨率是指组成一个图像的像素数量，图像分辨率越高，图像就越清晰。

屏幕上的每个像素的位置，我们用坐标来表示，坐标其实就是两个数轴：X

轴和Y轴，在掌控板上X轴和Y轴的起点都在屏幕左上角，坐标为（0, 0）。注意：坐标的表示方法是（x, y），先写x坐标，再写y坐标，中间用逗号隔开，再用小括号括起来。X轴水平向右，Y轴竖直向下。X方向有128个像素，从0开始计数，所以x的取值范围为0~127，Y方向有64个像素，所以Y的取值范围为0~63，如图2-10所示。这样我们就可以用坐标来表示屏幕当中任意一个点的位置了。

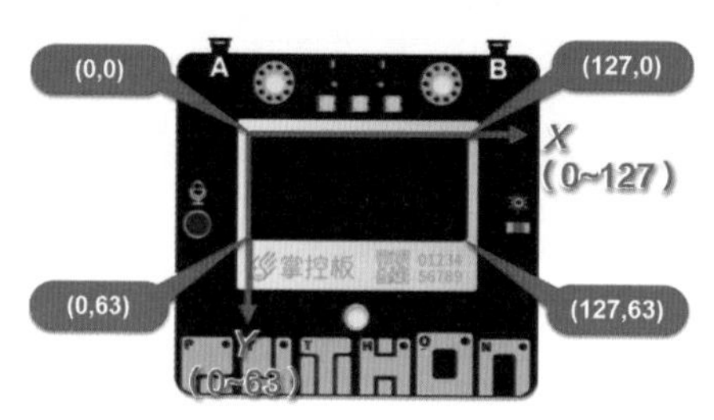

图2-10　OLED12864坐标体系

哦，我懂了，这块小小的屏幕原来有这么多知识呢！老师，我还有个问题：每个字有多大？怎么确定字的位置呢？

问得好！下面我给你讲一下每个字符的大小。

在掌控板中，每个**中文**字符占12（宽）× 16（高）个像素，中文字符指中文输入法下的文字、标点符号等；

每个**英文**字符占6 × 16个像素，英文字符指英文输入法下的字母、标点符号等；

数字及数学运算符号等，占8 × 16个像素；

每个字符的坐标值是指组成该字符的**左上角**第一个像素的位置。

老师，我有点懵，还是不会用。

好的，我给你举个例子，你就明白怎么用了！

首先我们要用到【显示】积木库中的一个新的编程积木 显示文本 x 0 y 0 内容 “Hello, world!” 模式 普通 不换行，其中的x、y就是内容中的首个字符的左上角坐标位置。

想要在屏幕正中央显示“我爱掌控板”5个中文字，我们可以这样计算坐标：首先我们要根据刚才讲的屏幕坐标体系，找到屏幕中心（64, 32），也就是“掌”这个字的中心，然后用中心点的y坐标减去半个字的高度，也就是$32-16\div2=24$，x坐标减去两个半字的宽度，也就是$64-2.5\times12=34$，这样就会得到这5个字中的第一个字“我”的左上角坐标（34, 24），如图2-11所示。

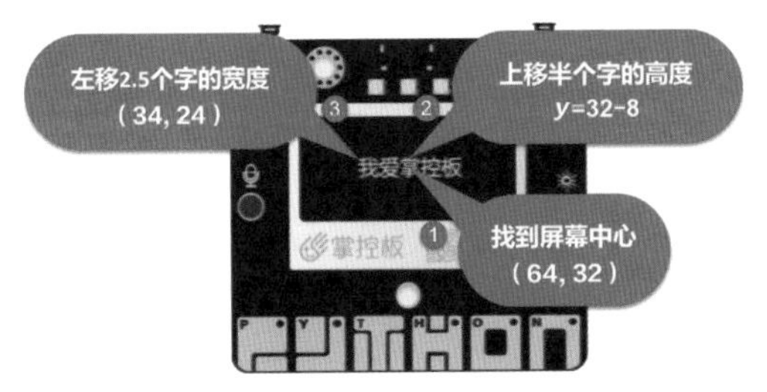

图2-11 字符坐标

这下我明白了，老师，你看，我做出来了！如图2-12所示。

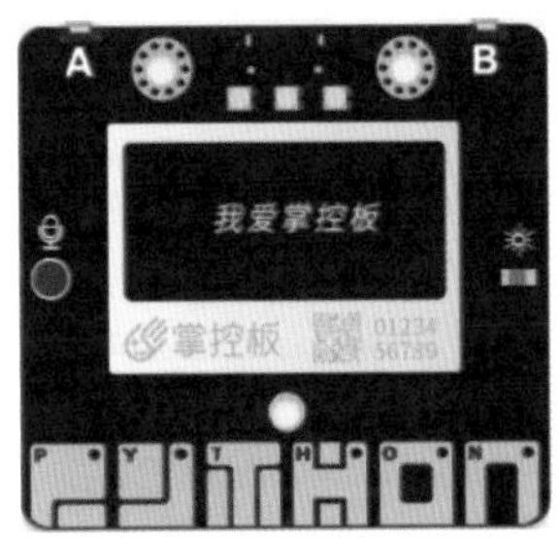

图2-12 显示“我爱掌控板”

2.【挑战2】在屏幕四角显示“掌”“控”“未”“来”，如图2-13所示。

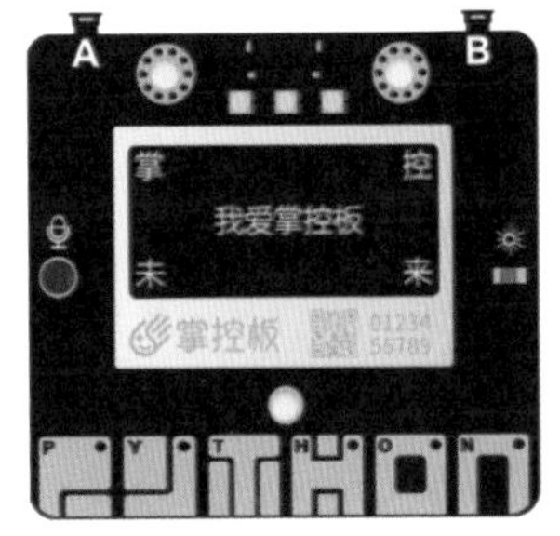

图2-13 显示“掌”“控”“未”“来”

嗯，我试试……成功啦！老师，快来看看吧，如图2-14所示。

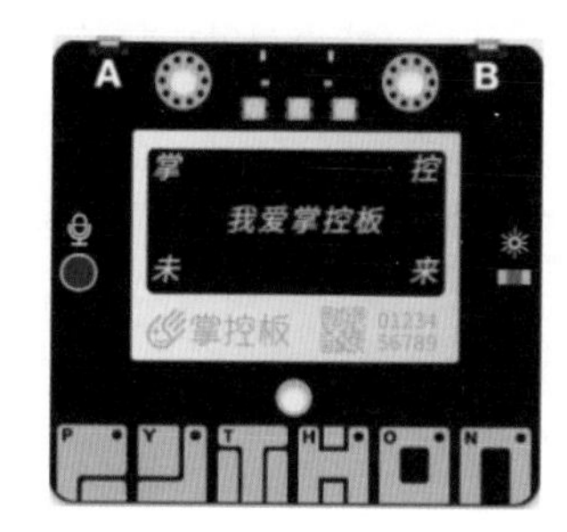

图 2-14　完成的程序

好样的，做出来说明你真的理解和掌握坐标了！小白同学，你知道什么是“快闪”吗？

知道，很多街头表演就是快闪，突然很多人表演，演完突然就走了。

是的，其实很多视频广告里也用了类似的手法，让图片或文字快速出现，又快速消失，再配上快节奏的音乐，让人感觉目不暇接，感觉很炫酷，咱们用掌控板也来玩个快闪吧！

3.【挑战3】快闪文字。

依次按下触摸键，在屏幕正中央依次显示“我爱你中国”中的一个字，实现快闪文字效果，并设置一个键来清空屏幕。

这个好玩，我试试……老师，好酷啊！我还给它多加了一个功能呢！你看，如图2-15所示。

哈哈，你让每个触摸键都没闲着啊，这个效果不错，别忘了还要一键清空屏幕呢！

好的，这个简单……唉，老师，我发现一个问题，为什么我做的【当按键A被按下时】【OLED显示清空】不起作用呢？

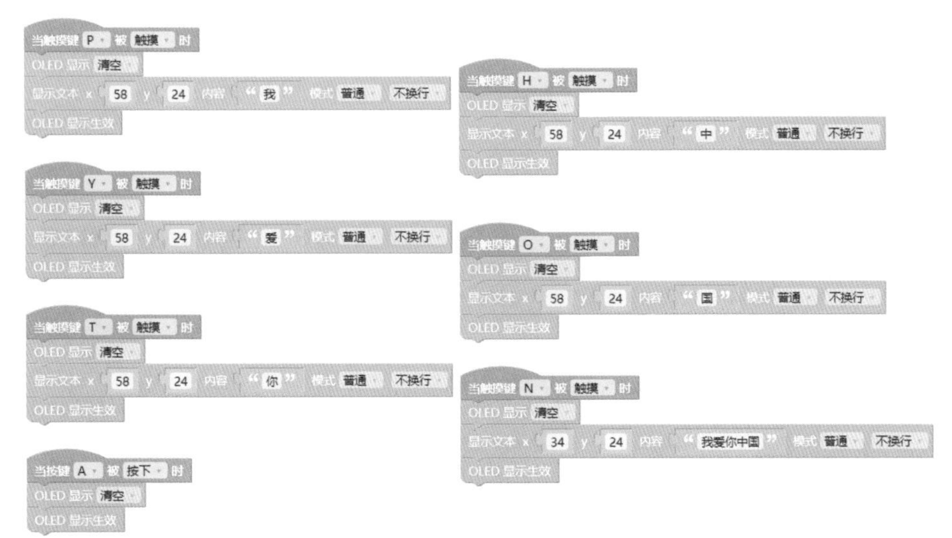

图2-15 快闪文字程序

噢，这是因为【OLED显示清空】的后面也需要加上【OLED显示生效】才能正常使用。

哦，我说呢，我改一下……这下好了！哇，快闪文字，真的好酷啊！

小白同学，学会了坐标后，你想一想，还能用坐标实现什么效果呢?

嗯……可以在屏幕的任意位置显示字符了，对了，也可以改变图片的显示位置了，还可以快闪图片！

不错，有想法！那你想不想让文字动起来，做出类似滚动广告牌或弹幕的效果?

啊，这样都行?

嘿嘿，必须的，咱们下节课就来学习怎么做弹幕吧！

哇，好期待啊！

拓展任务

请你利用课余时间试一试能否改变图片的位置，做一做快闪图片，或者你有其他更精彩的创意，请你尝试把它实现，实现不了的先写下来，等学会相应知识以后再逐渐完善。欢迎你把作品以图文或视频的方式上传到论坛里和大家展示、分享，遇到问题也可以在论坛里向大家求助。

知识网络

本课知识结构网络如图2-16所示。

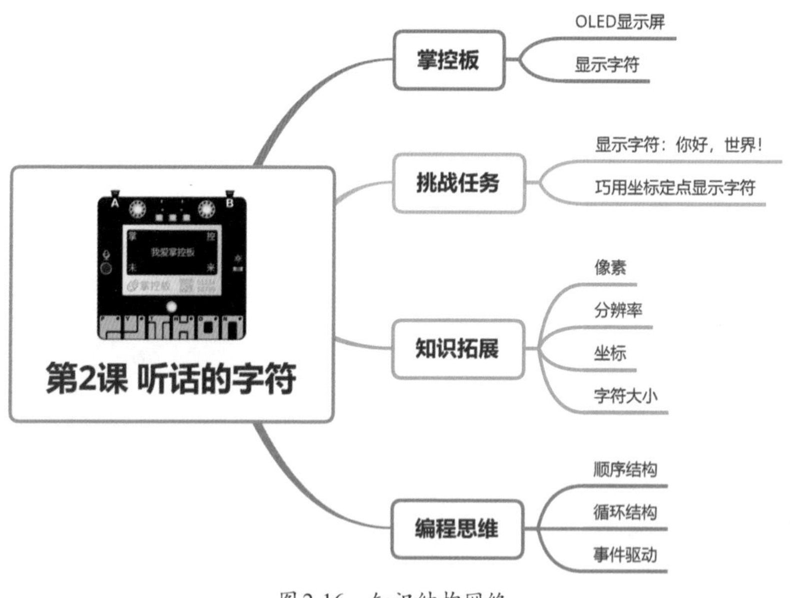

图2-16　知识结构网络

（1）核心积木。

OLED 显示 清空

显示文本 x 0 y 0 内容 “Hello, world!” 模式 普通 不换行

（2）显示。

• 掌控板的屏幕最多能显示__________行文字，有______、______、______和______4种显示模式。

• 显示生效与清空积木。

编程积木	作用
OLED 显示生效	
OLED 显示 清空	

（3）像素。

• 掌控板上的OLED的分辨率是______，所以它每行能显示______个像素，每列能显示______个像素。

字符类型	所占像素数
英文字符（字母及标点）	______×______
中文字符（中文及标点）	______×______
数字及运算符号	______×______

• 每个字符的坐标值是指组成该字符的______角第一个像素点的位置。

• OLED每行能显示______个中文字符，______个英文字符，______个数字及运算符。

（4）请标出掌控板OLED中X轴、Y轴的取值范围及4个顶点的坐标。

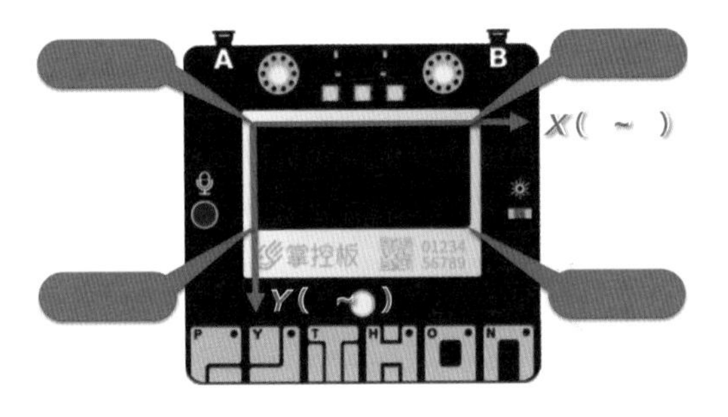

第3课 疯狂的弹幕

项目背景

我们在网络上看视频时经常会看到网友发的各种弹幕在视频中飘过，如图3-1所示。在生活中常看到很多电子广告牌上的文字不是固定位置的，而是在不停滚动的，这样可以显示更多信息，也可以更加吸引眼球，这些滚动文字是如何实现的呢？

图3-1 视频中的弹幕

要做弹幕了，好激动啊！

哈哈，今天让你彻底搞懂弹幕！

任务1：弹幕效果文字——for循环

1.【挑战1】按下触摸键P，让“疯狂的弹幕”5个字在屏幕中央从左到右滚动。

老师，在屏幕中央显示文字我会，可是怎么让文字滚动起来呢？

只要能让文字的坐标在一定范围内连续变化，就可以让文字滚动了。这里需要学习一些新的知识，才能让文字滚动起来。

知识拓展

我们前面多次使用【循环】积木库中的【一直重复】，这种循环会无条件地无限循环执行其内部的程序，如果想让文字的坐标在一定范围（屏幕大小）内连续变化，就得用有结束条件的循环，这里我们要用的是【循环】积木库中的【使用i从范围1到10每隔1】积木，即for循环，如图3-2所示。

图3-2　for循环

老师，它为什么叫for循环呢？它里面的*i*、范围、间隔是什么意思？

问得好，下面详细解释for循环。

当我们把mPython模式切换为“教学”模式后，会看到编程积木对应的Python代码，这个积木对应的Python代码为“for i in range (1, 11):”，如图3-3所示。

图3-3　for循环的由来

“for…in”是一种循环语句，我们把这种循环称为for循环，“range”表示范围，括号内的值表示（start, stop, step），即（起始值，结束值，步长），其中步长为1时可省略不写，结束值11取不到，所以1到10在“range”中显示的是1到11，步长就是“每隔”后面的数字，每隔1就是从1到10每次增加1，所以图3-3中的for循环，就表示变量i的值从1取到10，每次增加1，循环会重复10次。

小白同学，你想一想，让文字从左向右滚动，在积木中i的取值范围应该设为多少？

嗯……应该和屏幕的X轴的范围一致，i应该设为0到127！
老师，我有个问题，这个i从哪里找？怎么把它放到【显示文本】积木中的x坐标上呢？

请你在【变量】积木库中找一下，自己尝试完成【挑战1】。

老师，我的文字可以滚动了，可是为什么后面拖着长长的尾巴，看不清楚呢？

别忘了我们的“显示三件套”！你是不是忘记加【OLED显示清空】了？

哦，是的，老师，这下终于成功啦！我还稍微提高了一下滚动的速度，如图3-4所示。

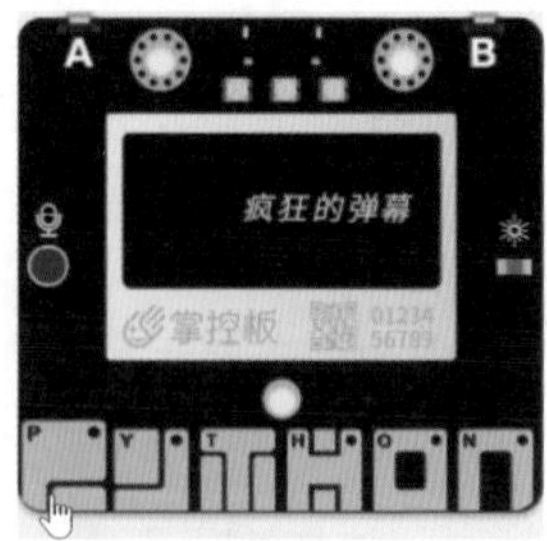

图 3-4　疯狂的弹幕程序

你还发现了控制速度的方法，很棒！我们把“每隔”后的数字叫作步长（step），也就是每循环一次*i*增加的量，可以用它来控制for循环的速度。为了帮你巩固一下，活学活用，请你再完成几个挑战任务，你试试看能不能自己独立完成。

2.【挑战2】按下触摸键Y，让文字实现从右到左滚动。

老师，我成功了，如图3-5所示，而且我觉得步长为2还是太慢，我把它调到6了！每次移动半个中文字符。

图 3-5　从右到左滚动程序

很棒！老师这里还有个小建议，让*i*从大变小，虽然在积木中每隔设为6可以实现效果，但是为了更加符合Python编程的习惯，而且在代码中也会自动修改为-6，建议将步长改为负值，即-6。同时文字从右向左移动也更符合人们的阅读习惯。

3.【挑战3】按下触摸键Y，让文字从右到左移出屏幕。

啊？文字还能移出屏幕呢？

其实变量*i*的范围是可以取负值的，你算算让5个字消失，需要取值多少？

噢，我懂了，老师你看图3-6。

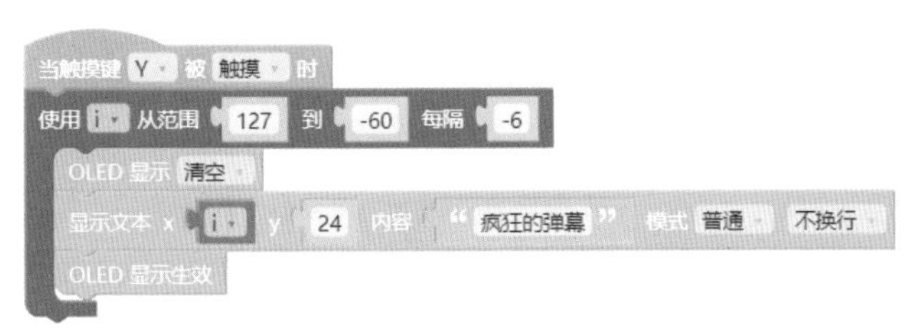

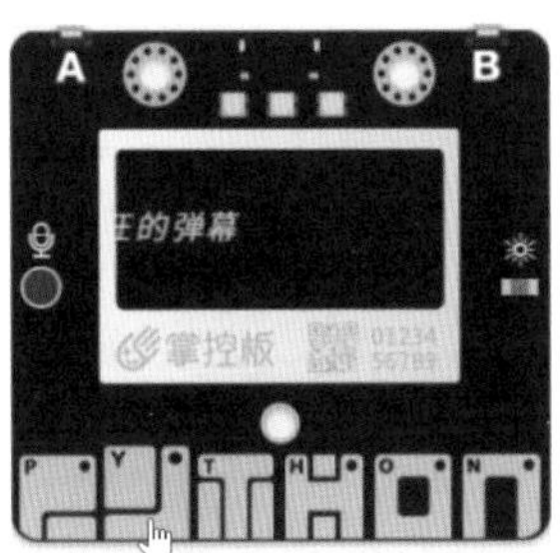

图3-6 从右到左移出屏幕程序

老师，最后为什么剩下一个字没移出去呢？

掌控板仿真模拟器有个别功能存在一些小错误，也叫bug，原意是臭虫，在编程中指程序中存在的漏洞或缺陷。掌控板的工程师在不断完善这个仿真模拟器，以后的版本中应该会纠正这个错误，请你刷入掌控板试试。

嗯，刷入掌控板确实是好的！

以后再遇到类似情况，我们以掌控板运行的结果为准。

4.【挑战4】按下触摸键T，让文字在屏幕内左右反弹。

老师，文字每次都会移出屏幕，怎么才能实现左右反弹呢？

你只需把控制向右滚动的for循环中i的结束值，向左滚动i的起始值分别减去5个字的宽度就行了，你快试试吧！别忘了加一个一键清屏功能！

哦，我懂了，老师你看下我做得对不对？如图3-7所示。

```
当触摸键 T 被 触摸 时
使用 i 从范围 0 到 67 每隔 6
    OLED 显示 清空
    显示文本 x i y 24 内容 "疯狂的弹幕" 模式 普通 不换行
    OLED 显示生效
使用 j 从范围 67 到 0 每隔 -6
    OLED 显示 清空
    显示文本 x j y 24 内容 "疯狂的弹幕" 模式 普通 不换行
    OLED 显示生效

当触摸键 H 被 触摸 时
OLED 显示 清空
OLED 显示生效
```

图3-7　*左右反弹程序*

嗯，这次对了！你反应很快！别忘了每个任务完成后要保存程序。

老师，我还有个问题：为什么我从【循环】积木库中再拖一个for循环，它的变量i就变成了j？我记得第1课讲的那个用来存放随机数的变量是可以一直使用的，变量的名字没有变呀，这是为什么呢？

这个问题问得非常好！说明你很细心，观察得很仔细！这里需要给你讲一个新知识：局部变量。有个小技巧，如果你的第二个for循环是从第一个for循环复制来的，那么第二个for循环中的变量依然会默认为i。在编程时，复制要比从积木库中重新拖动的效率高很多。

知识拓展

在程序中，变量分为两种：全局变量和局部变量。第1课通过【变量】积木库中的【创建变量】产生的变量就是全局变量，它在整个程序中不允许重名，在程序中的任意位置都可以被引用，这种变量称为全局变量。还有一种变量，它只能在某段程序的内部被引用，在这段程序以外就不能被引用，这种变量称为局部变量，也叫作内部变量或私有变量。比如for循环中的变量i和j，由于局部变量只在某段程序内使用，所以这种变量在不同程序段中允许重名，但是为了避免混淆，尽量不要重名。

任务2：防疫知识宣传电子屏——综合应用

对于新冠肺炎疫情席卷全球，我们也要尽己所能，做一些力所能及之事，下面请你上网搜索几个短小实用的防疫知识，利用掌控板的屏幕做一个“防疫知识宣传电子屏”吧。

1.【挑战1】按下触摸键P，从右到左，4行文字一起滚屏。

这个我好像会做，让我试试。老师，我把4行文字放在同一个for循环中，共用同一个变量i作为x坐标，为什么我的4行文字是叠在一起的呢？

嗯，你的思路是对的，但是没有考虑到每一行的y坐标应该相差一个中文字符的高度，也就是16。

哦，我懂了，老师，你看我做得对不对？如图3-8所示。

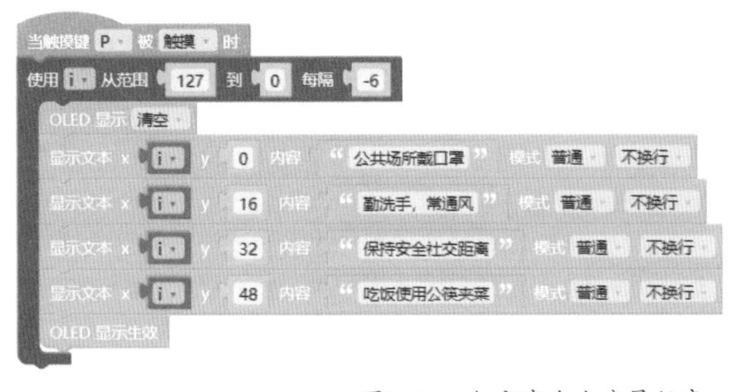

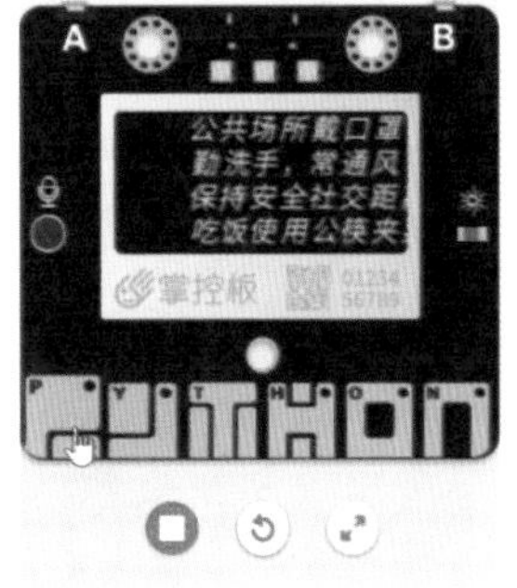

图3-8 4行文字左右滚屏程序

现在对了，这也从侧面说明了我们第2课显示文字的方法为什么最多只能显示4行文字。

2.【挑战2】按下触摸键Y，从下向上，4行文字一起滚屏。

这个只要改变变量i的取值范围，再把变量i放到y坐标上就可以啦，我试一下！哎呀，老师，我又遇到问题了，上一个挑战中y的坐标可以手动输入，让它相差16，现在变量i放到y坐标上没法修改，所以4行文字又叠在一起了，我该怎么办？

这里我们需要对变量进行简单的运算，在【数学】积木库中找到 1 + 1 积木，然后把每一行的变量i依次增加一个中文字符的高度即可。

哦，我明白了，老师，你看看我的程序，如图3-9所示。

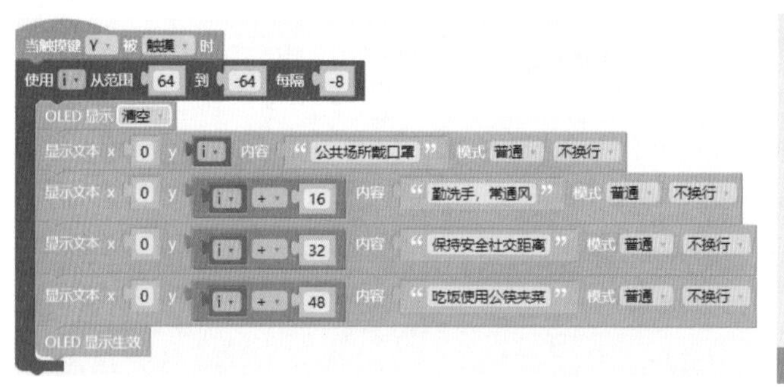

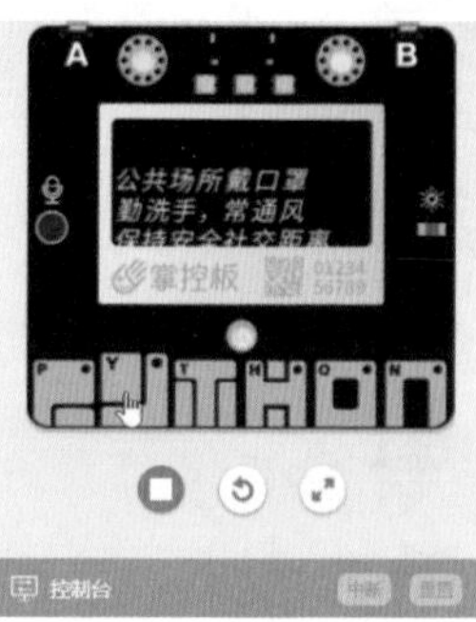

图3-9　4行文字上下滚屏程序

嗯，很棒！有几个小问题问你：i的范围为什么是64到−64？步长为什么是−8而不是−6？

因为我想让4行文字向上滚出屏幕，4行文字的高度是64，所以取了−64；左右滚屏一次移动半个中文字符，所以取−6，上下滚屏一次移动半行，也就是半个中文字符的高度，所以取−8。

小白同学，你太棒了！通过这几个挑战任务，我发现你对前面知识的理解很到位，真正做到了学以致用！下面是本课最后一个挑战，看会不会难倒你。

3.【挑战3】按下触摸键T，从下向上，逐行滚屏。

嗯，我想想，老师，这个好像有点难啊！

给你一点提示，不要被之前的思维模式禁锢了，不要每次只用一个for循环，你可以给每一行文字一个单独的for循环，明白了吗？

哦，我明白了！
我做好了，老师你看下我的程序，如图3-10所示。

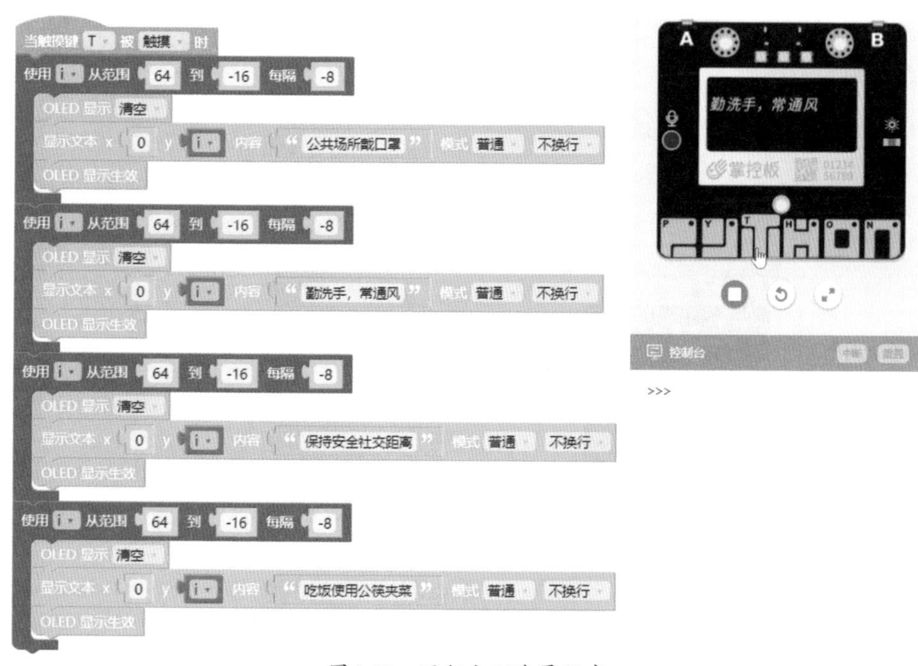

图3-10 逐行上下滚屏程序

嗯，很棒！效果出来了！不过我还有几个小问题问你：i的范围为什么是64到-16，怎么不是-64了？每行文字的y坐标的变量i为什么不加16，32，48了？

因为是逐行上下滚屏，每行文字单独滚屏，所以只要每行文字可以移出屏幕即可，一行文字的高度是16，所以取了-16；同样的原因，每行单独滚屏，一行滚完下一行才出现，所以就没必要在每行之间加行高了，每行文字的y坐标都用变量i。

小白同学，你的思路非常清晰，逻辑思维也很好，才学了第3课，已经可以随机应变了，真是太棒了！

拓展任务

请你利用课余时间试一试还能做出哪些弹幕方式。你见过生活中的各种电子大屏有哪些特殊的滚屏效果？请你尝试把它实现，实现不了的先写下来，等学会相应知识以后再逐渐完善。欢迎你把作品以图文或视频的方式上传到论坛里和大家展示、分享，遇到问题也可以在论坛里向大家求助。

知识网络

本课知识结构网络如图3-11所示。

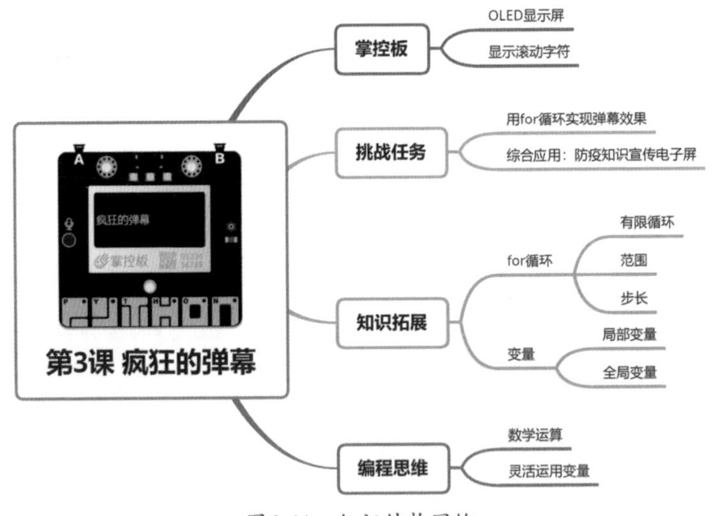

图3-11　知识结构网络

项目手册

（1）核心积木。

使用 i 从范围 1 到 10 每隔 1
执行

显示文本 x 0 y 0 内容 “Hello, world!” 模式 普通 不换行

（2）变量。

全局变量：指变量能在____________中使用，______重名。

局部变量：指变量只能在____________中使用，______重名。

for循环中的变量 *i* 属于__________变量。

（3）范围。

从1到10表示：1____*i*____10（填>、<、≥、≤、=），在Python编程代码中应该表示为：for i in range（1, ____）。

（4）步长。

改变“每隔”后的数值（步长），可以改变for循环运行的________。

（5）实现滚屏效果。

显示文本 x 0 y 0 内容 “Hello, world!” 模式 普通 不换行

要实现左右滚屏应该把 *i* 放在____坐标：

- 从左到右，范围从____到____（小、大），间隔为____（正、负）；
- 从右到左，范围从____到____（小、大），间隔为____（正、负）。

要实现上下滚屏应该把 *i* 放在____坐标：

- 从上到下，范围从____到____（小、大），间隔为____（正、负）；
- 从下到上，范围从____到____（小、大），间隔为____（正、负）。

4行文字一起上下滚屏需要用到____个for循环；

4行文字逐行上下滚屏需要用到____个for循环。

第4课 炫酷流水灯

项目背景

很多玩具和家用电器装有会闪烁的小灯珠，有的汽车转向灯开启时有“动画效果”，如图4-1所示，非常炫酷，这些小灯珠有什么特别之处？这些动态效果是如何实现的呢？

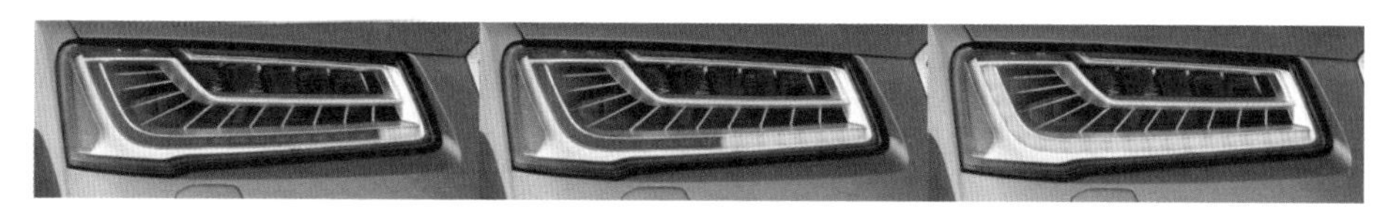

图4-1　动态转向灯

这种炫酷动态效果平时确实挺常见，但是还真没想过为什么，我确实挺好奇的！

学完本课你就明白了！

挑战任务

任务1：一闪一闪亮晶晶——顺序结构和循环结构

1.【挑战1】点亮掌控板上的LED。

老师，什么是LED？

我先给你科普一下关于LED的小知识。

发光二极管（Light Emitting Diode，LED）是一种光源，可以高效地将电能转换为光能，被称为第四代照明光源或绿色光源，具有节能、环保、寿命长、体积小、响应速度快、可高速开关等特点，广泛应用于各种指示、显示、装饰、背光源、普通照明和城市夜景等。常见的LED类型如图4-2所示。

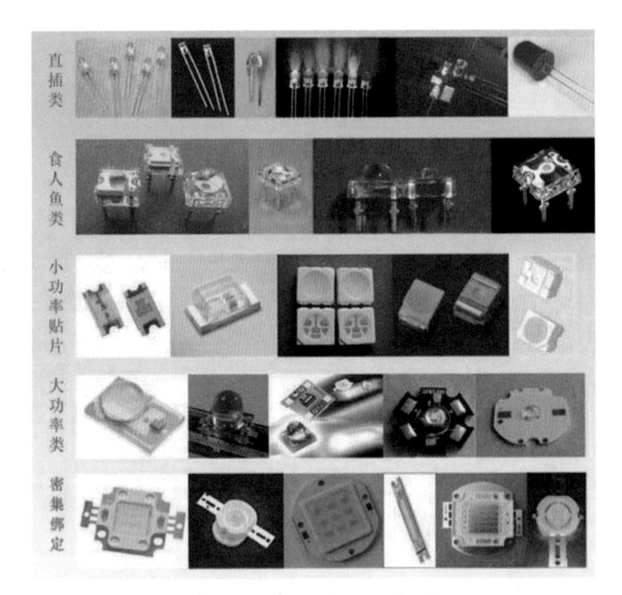

图4-2　常见的LED类型

没想到LED有这么多优点呢！

是的，所以它的应用范围很广。下面我给你个线索，请你在【RGB灯】积木库里找找能点亮LED的积木吧！

我找到了！还能控制灯的位置和颜色呢！如图4-3所示。

图4-3 【设置RGB灯颜色为】积木

老师，这里为什么叫RGB灯，不叫LED呢？

哦，这是因为掌控板上的3个LED比较特殊，它们是RGB全彩灯，可以发出各种颜色的光，产生不同颜色需要用到R（Red）、G（Green）、B（Blue）三原色，所以这种灯叫RGB灯，具体产生颜色的原理在第5课会学到。

2.【挑战2】让3个LED依次点亮并显示不同的颜色。

这个好像挺简单的，我试试！老师你看我这样做对不对？如图4-4所示。

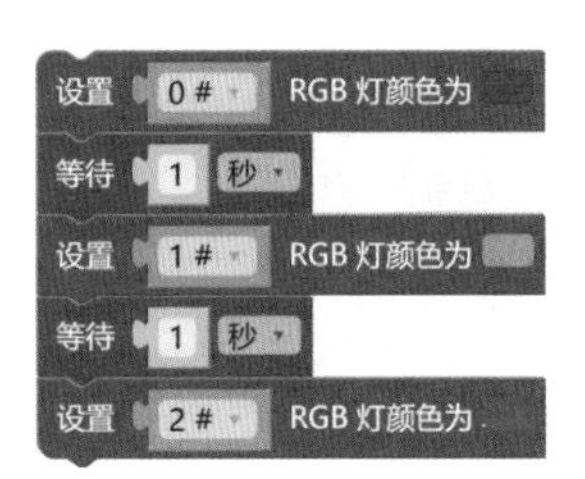

图4-4 依次点亮LED程序

没问题，你用仿真模拟器或刷入掌控板验证一下。顺便说一下，我们把这种从上到下逐行依次执行的程序结构称为顺序结构。

3.【挑战3】按下按键A，3个LED逐个开启，按下按键B，3个LED一起熄灭。

这个也简单，老师你看是不是应该这样做？如图4-5所示。

不错，快验证一下吧！

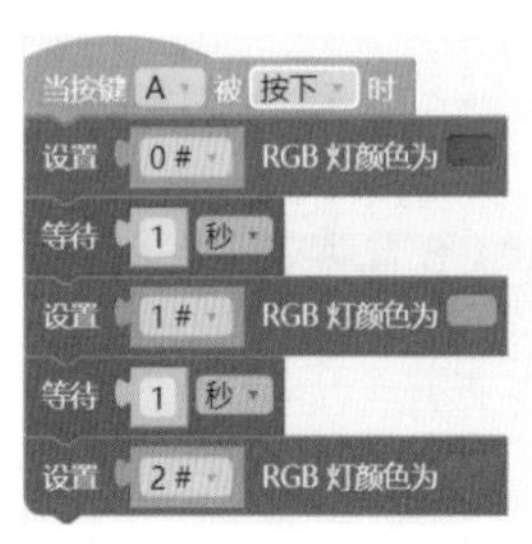

图 4-5　按键控制LED开关程序

4.【挑战4】触摸P键3个LED同时开始闪烁。

老师，我成功了，你看，如图4-6所示。

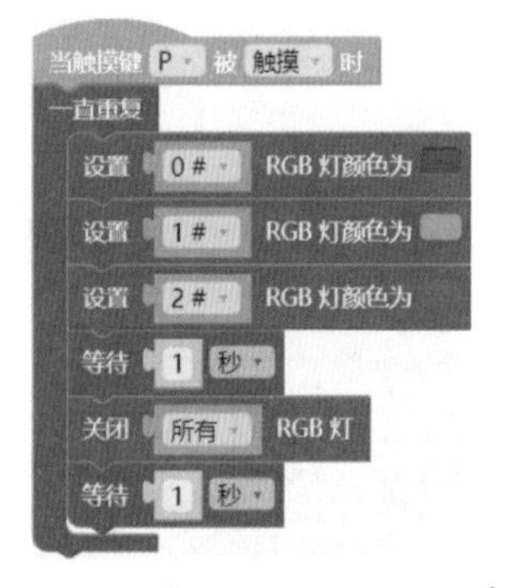

图 4-6　3个LED同时闪烁程序

老师，我有个问题，我在这个程序中添加了【当触摸键N被触摸时】关闭所有LED，可为什么按了没反应呢？怎样才能让LED停止闪烁呢？

这个问题问得好！【一直重复】这种循环也叫while型循环，因为它对应的Python代码是while，属于无限循环。如果没有给它设置退出条件，它会不停地重复运行它内部的程序（这种会重复执行的程序结构我们称为循环结构），而且此时它外部的程序就不会被运行了，所以此时按别的键是不起作用的，这时我们需要给它设定条件，让它【中断循环】，如图4-7所示，你试试吧！

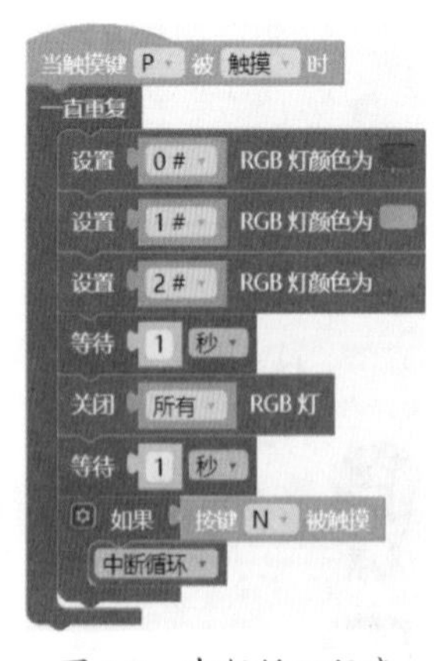

图 4-7　中断循环程序

老师，我试成功了，但是有时候按了有用，有时候不起作用，这是为什么呢？

这是因为程序是按从上到下的顺序逐行执行的，所以只有当【关闭所有RGB灯】执行后，也就是灯熄灭1秒后，N键被触摸时才能【中断循环】，这个时间点不好把握，所以你多按一会儿，成功率会更高。

噢，我明白了，我试了一下，的确如此！看来触摸N键的时机也很重要！

5.【挑战5】用不同的触摸键，让3个LED以不同方式闪烁。

提示：依次闪烁不同颜色、交替闪烁（模拟警灯效果）……

老师，我两种都实现了，快来看看吧，如图4-8所示，我的警灯很酷吧！

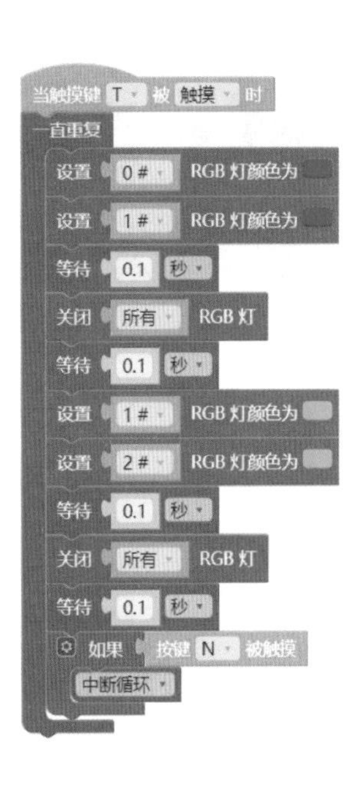

图4-8 两种闪烁方式

警灯很酷啊！你已经会用编程自主解决实际问题了，进步很大！

任务2：炫酷流水灯——活用for循环

老师，什么是流水灯啊?

流水灯就是一组能按照设定的顺序和时间点亮和熄灭的灯。工作时可以形成类似水在流动的视觉效果，常用于景观灯、霓虹灯、转向灯等，如图4-9所示。

图4-9　流水灯

1.【挑战1】依次点亮3个LED，再依次熄灭，实现流水灯效果。

老师，我会用之前的顺序结构的方法，但是用for循环该怎么做呢?

嗯，我来给你点提示吧！我们已经知道3个LED是有编号的，从0到2，这里我们只需要用for循环中的变量*i*来代替LED的编号，就可以实现流水灯的效果了！你思考一下，要依次点亮3个LED，再依次关闭，一个for循环能不能做到？不能的话，需要几个for循环才能实现?

需要两个for循环！哦，我明白了，我试一下，你看看我做得对不对？如图4-10所示。

```
一直重复
执行 使用 i 从范围 0 到 2 每隔 1
     执行 设置 i RGB 灯颜色为
          等待 0.1 秒
     使用 i 从范围 0 到 2 每隔 -1
     执行 关闭 i RGB 灯
          等待 0.1 秒
```

图 4-10　流水灯程序

小白同学，看来你一点就通啊，为你点赞！快刷八掌控板看看运行效果吧！

老师，我成功啦！真的像流水一样的效果！

2.【挑战2】按A键开启左转向灯。

我们先来仔细观察汽车转向灯是如何闪烁的，如图4-11所示。
小白同学，请你先用语言描述一下转向灯的闪烁过程吧！

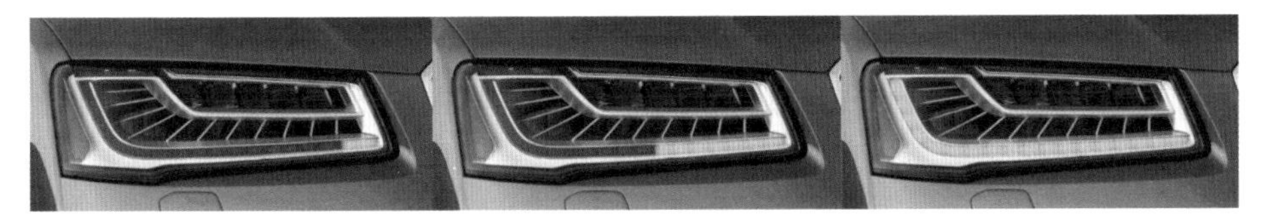

图 4-11　转向灯动态效果

嗯，从右到左依次点亮全部LED，再同时关闭，不断重复执行。

说得很好，请你试一试能不能写出对应的程序呢?

老师，我写出来了，但是总感觉哪里不对，快帮我看看吧，如图4-12所示。

```
当按键 A 被 按下 时
一直重复
  使用 i 从范围 2 到 0 每隔 -1
    设置 i RGB 灯颜色为
    等待 0.1 秒
  关闭 所有 RGB 灯
  等待 0.1 秒
```

图4-12　左转向灯程序

嗯，确实有点问题，你想一想，我们按下A键后需要一直闪左转向灯吗？需不需要设置停止条件或限定循环次数？其实，用【一直重复】再按下B键也不会起作用的，我们之前遇到过类似的情况。
请你尝试实现：循环3次和再按下A键停止闪烁。

老师，我明白了，我修改一下，这是重复3次的，如图4-13所示。

```
当按键 A 被 按下 时
重复 3 次
  使用 i 从范围 2 到 0 每隔 -1
    设置 i RGB 灯颜色为
    等待 0.1 秒
  关闭 所有 RGB 灯
  等待 0.1 秒
```

图4-13　左转向灯（重复3次）程序

这是再次按下A键停止闪烁的，如图4-14所示。

嗯，修改后好多了！我们换位思考一下，如果你是司机，你觉得哪种方式操作起来更好一些呢？

```
当按键 A 被 按下 时
一直重复
    使用 i 从范围 2 到 0 每隔 -1
        设置 i RGB 灯颜色为
        等待 0.1 秒
    关闭 所有 RGB 灯
    等待 0.1 秒
    如果 按键 A 被按下
        中断循环
```

图4-14　左转向灯（按A键停止）程序

我觉得重复3次在编程的时候比较简单，同时还可以避免司机忘了关转向灯的尴尬。

嗯，这个方法操作起来的确简单，但是马路上的情况瞬息万变，如果遇到需要连续打转向灯的情况，这种方式就会给司机带来很多麻烦，司机需要不停地去开转向灯，这样一来，可能会带来安全隐患。在实际生活中，开启转向灯后它会保持闪烁状态，直到司机手动关闭，或者转完弯方向盘回正时，它就会自动关闭。

咱们的掌控板不方便模拟这种情况，所以我建议用第二种方法比较好，把开关灯的权力交给司机，让他自己根据实际情况去控制转向灯。咱们在学习和设计的过程中，不能只站在设计师、工程师的角度考虑问题，怎样容易实现怎样来，还要站在用户的角度考虑问题，尽量做到“以人为本”，方便用户的使用，这样才能设计并制作出更好的产品。

老师说得很有道理，我以后要努力做“以人为本”的设计师、工程师！

3.【挑战3】按B键开启右转向灯。

经历了刚才的种种问题，这个问题就很简单了，如图4-15所示。

```
当按键 B 被 按下 时
一直重复
  使用 i 从范围 0 到 2 每隔 1
    设置 i RGB 灯颜色为
    等待 0.1 秒
  关闭 所有 RGB 灯
  等待 0.1 秒
  如果 按键 B 被按下
    中断循环
```

图 4-15　右转向灯程序

很好，刷入掌控板看看效果吧！别忘了要按命名规则保存好程序！

请你利用课余时间再想一想、试一试，还能实现哪些炫酷的闪法呢？请你在生活中多留心观察一下各种霓虹灯、装饰灯等，看看是如何闪烁变换的，用编程的思维方式想一下这些效果是如何实现的，这样在没有计算机的情况下也可以很好地锻炼你的编程思维。

在转向灯程序中再加入一些功能，让它更加完美，比如，在转向灯闪烁的同时，在屏幕中央显示文字“左转向”“右转向”，或者箭头图片“←”“→”，让周围的行人和车辆看得更清楚（生活中有的公交车就是这么做的）。

请尝试实现你的想法，如果有实现不了的先写下来，等学会相应知识以后再逐渐完善。欢迎你把作品以图文或视频的方式上传到论坛里和大家展示、分享，遇到问题也可以在论坛里向大家求助。

本课知识结构网络如图 4-16 所示。

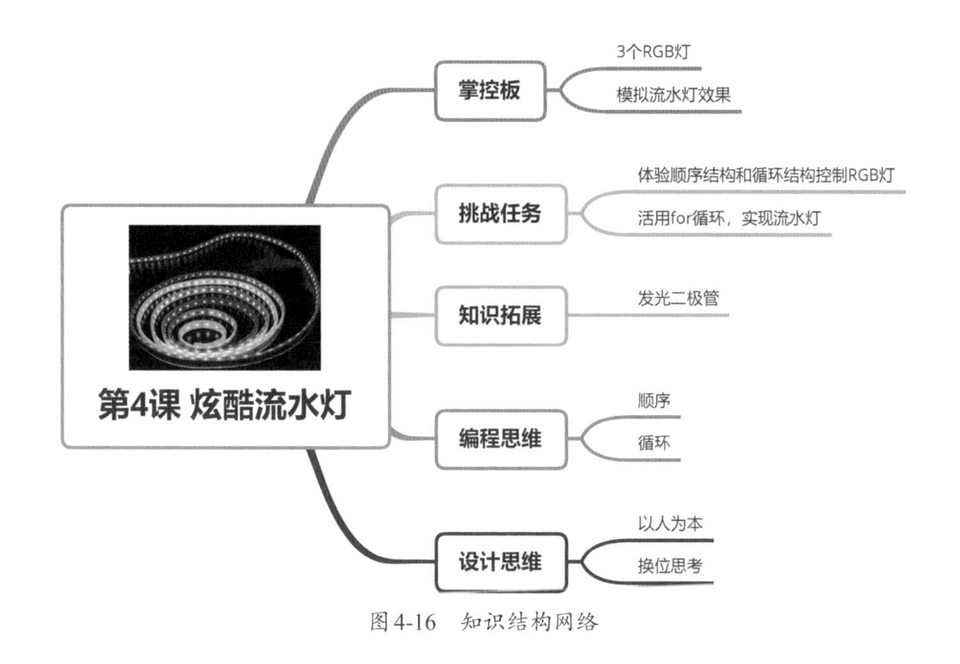

图4-16 知识结构网络

项目手册

（1）核心积木。

（2）LED。

________（Light Emitting Diode，LED）是一种光源，可以高效地将______能转换为________能，被称为第四代照明光源或绿色光源，具有______、______、______、______、响应速度快、可高速开关等特点，广泛应用于各种指示、显示、装饰、背光源、普通照明和城市夜景等。

（3）请在下图右侧的空白处用简洁、准确的文字，分别描述这3种典型的闪烁方式。

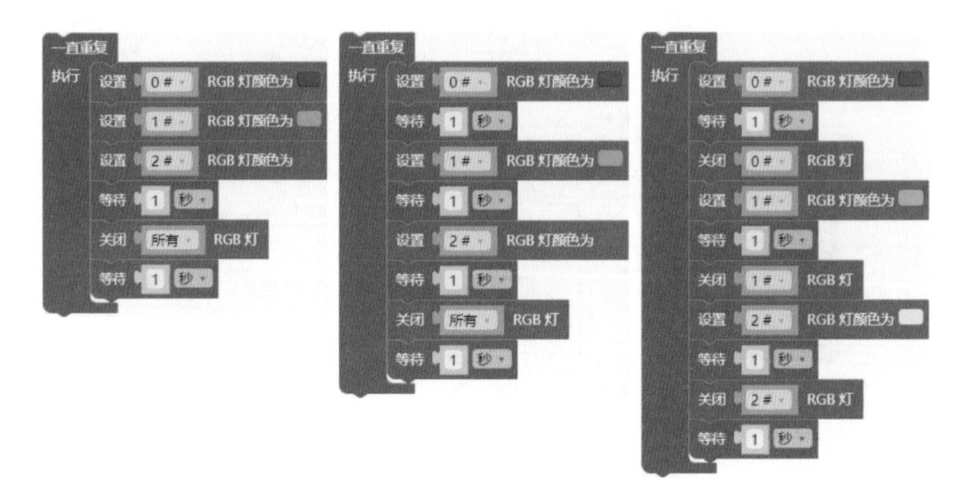

（4）请将空白处补充完整，实现左转和右转的转向灯效果。

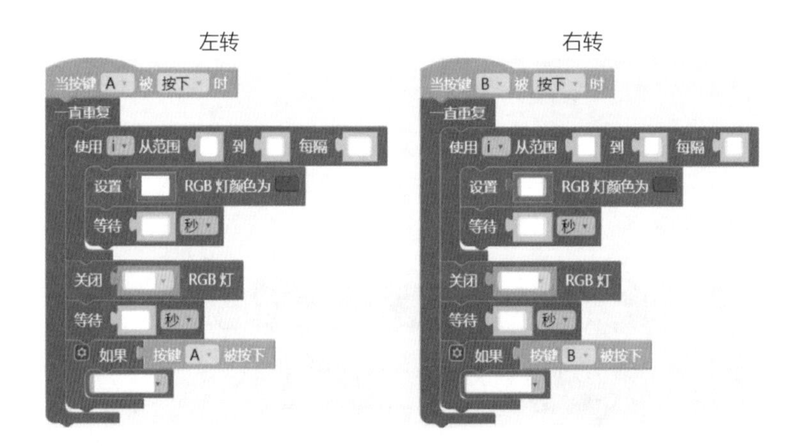

第5课 七彩祥云

项目背景

在大自然中偶尔会看到像彩虹一样的云彩，我们称之为七彩云或彩虹云，如图5-1所示。古人认为这是天降祥瑞，是吉利的征兆，所以也称之为七彩祥云。古人还把祥云画成图案，用在建筑、衣服等地方做装饰，被赋予祥瑞的文化含义。

图5-1　七彩祥云

其实七彩祥云是一种较为罕见的自然现象，在合适的天气状况下，太阳光正好和云构成一个合适角度，阳光通过云时，发生折射和反射，云中的水汽将太阳光分离，从而散射出七色光芒。

七彩祥云好漂亮啊！用掌控板怎么模拟出七彩祥云呢?

今天老师就带你用掌控板来做一朵七彩祥云！

要想控制掌控板发出各种颜色，首先要知道颜色产生的原理。

在雨过天晴后，我们经常会看到彩虹，这是因为太阳光经过空气中的小水滴被色散成了红、橙、黄、绿、青、蓝、紫7种颜色，如图5-2所示。这种把复色光（太阳光）分解为单色光的现象叫作光的色散，我们也可以用三棱镜来实现光的色散，如图5-3所示。

图5-2　彩虹

哦，原来如此啊！老师，太阳光是白色的，为什么照在各种物体上会显示出不同的颜色呢?

图5-3　光的色散

问得好！这就要了解光线被物体吸收和反射的原理了。

不同物体会吸收不同颜色的光，不被吸收的光就会被物体反射，而我们看到物体的颜色就是没有被吸收掉的光线，如图5-4所示。

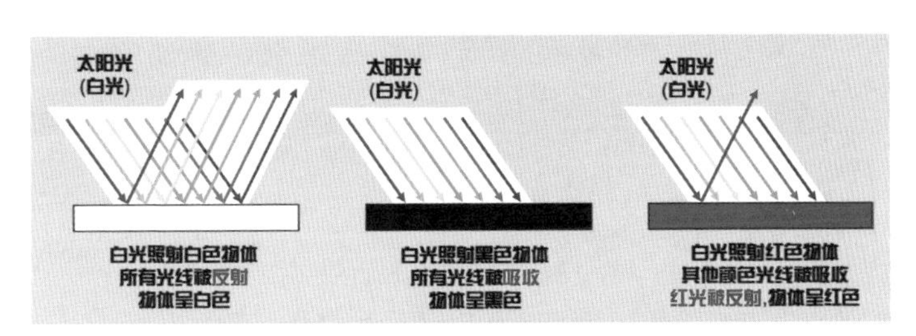

图5-4　物体呈现颜色的原理

哦，现在我懂了！

任务1：模拟闪电云——巧用随机数

1.【挑战1】用RGB灯模拟闪电云效果，如图5-5所示。

图 5-5　闪电云

哇，一朵闪电云挂在家里好酷啊！

老师先来问问你，闪电是什么颜色的？它闪烁的时间间隔是一样长的还是随机的？

闪电看起来像是白色的，它的闪烁是随机的，每次时间间隔可能都不一样，可以用之前学的随机数模拟出来！

好，这个程序比较简单，请你试着写一下程序，控制3个RGB灯同时像闪电一样闪烁起来。

老师，我做出来了！经过测试我发现灯亮的时间比灭的时间长一点会更加逼真，这样可以模拟出类似闪电云的效果，如图5-6所示。

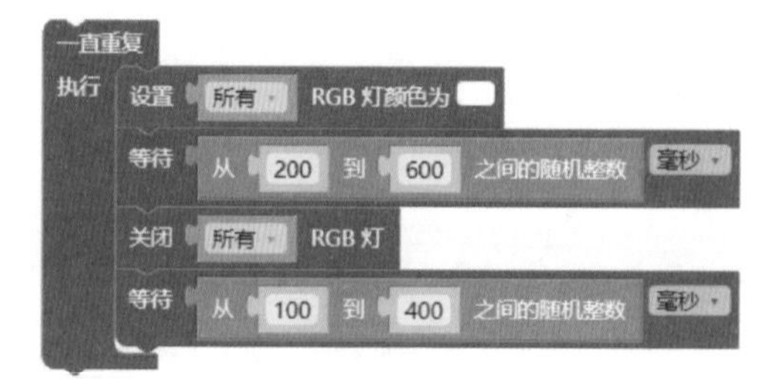

图 5-6　闪电云程序

老师，我有个问题：如果我想要的颜色，如图5-7所示的这个积木中没有该怎么办？

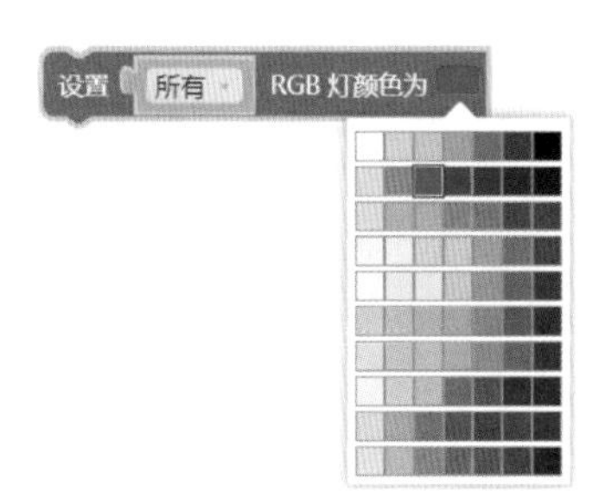

图5-7 【设置RGB灯颜色为】积木

嗯，这个问题问得很好，我来给你介绍一种新方法，用RGB模式控制灯的颜色。用 设置 0# RGB 灯颜色为 R 255 G 0 B 0 积木就可以设置RGB灯的颜色，R、G、B的取值范围均是0~255，如果想发出白光，需要将R、G、B的值都设置为255，请你试一试。

老师，我测试成功了！可是我又有了几个新问题，R、G、B不是代表红、绿、蓝吗，为什么我刚才没看到红、绿、蓝光，看到的是白光？阳光不是由7种颜色组成吗，为什么我只设置了3种颜色也能产生白光？如果我想让RGB灯发出别的颜色的光，它的值应该如何设置呢？

小白同学的问题很多呀，说明你很善于思考，下面我们就来逐一破解困扰你的问题，为你揭秘神奇的RGB光学三原色。

知识拓展

RGB色彩就是常说的光学三原色，R代表Red（红色），G代表Green（绿色），B代表Blue（蓝色）。之所以称为光学三原色，是因为自然界中肉眼所能看到的任何色彩都可以由这三种色彩混合叠加而成，因此也称为加色模式，如图5-8所示。

可是这样也只有7种颜色呀，怎么产生其他颜色呢？

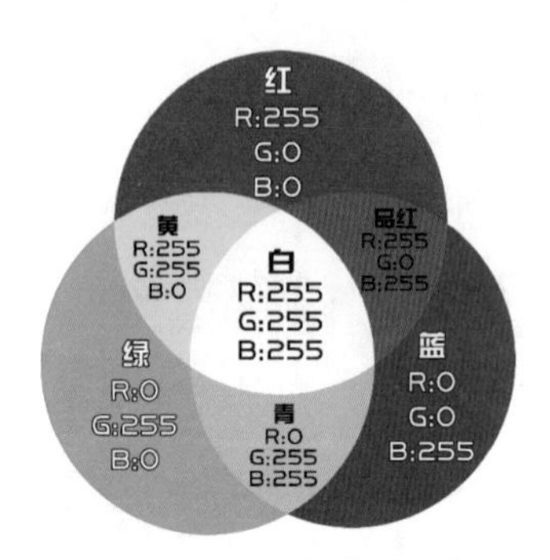

图 5-8　RGB 光学三原色

我们只要将R、G、B取不同的值，就能混合出千变万化的颜色。在掌控板中每个颜色的取值范围是0~255，0就是不发光，也就是黑色，255是最大值，共256个值，你用计算器算一下，一个RGB灯一共能产生多少种颜色？

256×256×256=16777216，哦，竟然能显示一千六百多万种颜色呢！真厉害！

你之前的各种疑问现在是不是都找到答案了呢？

噢，我明白了，真是茅塞顿开啊！

请你完成接下来的挑战，熟悉一下RGB模式吧！

2.【挑战2】用RGB模式，让RGB灯依次闪烁红、绿、蓝三原色。

这个简单，我来试试！老师，你看是这样的吧？如图5-9所示。

没错，你再来亲手验证一下RGB光学三原色混色原理吧，看看R、G、B三原色两两组合能否得出图5-8中的颜色。

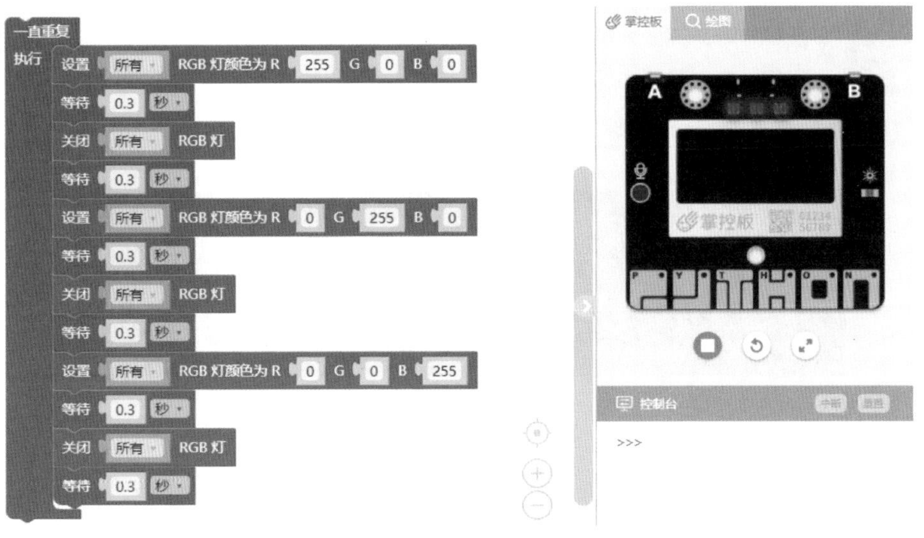

图5-9 【挑战2】程序

3.【挑战3】验证RGB光学三原色混色原理。

这个不难，我已经想好怎么做了，老师你看，我测试成功了，的确如此，如图5-10所示。

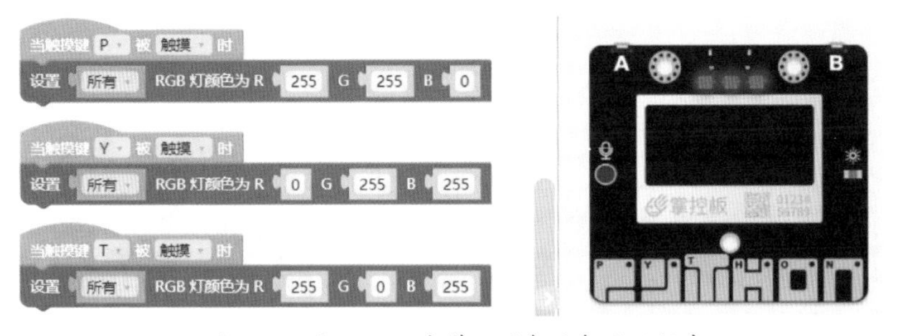

图5-10 验证RGB光学三原色混色原理程序

任务2：七彩祥云——妙用RGB模式

1.【挑战1】用RGB灯做出彩色呼吸灯效果。

老师，什么是呼吸灯？

呼吸灯就是会逐渐变亮再逐渐变暗并不停反复的灯，就像人的呼吸一样，其实在我们的家用电器、鼠标、键盘中常有很多呼吸灯，可以用来传递信息，也可以做出很炫酷的视觉效果，如图5-11所示。

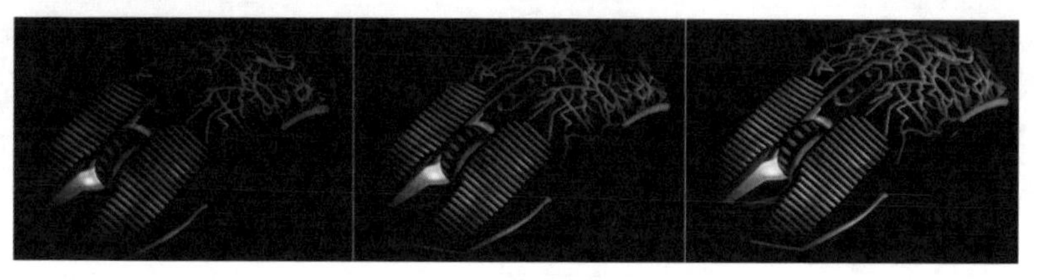

图5-11　呼吸灯鼠标

哦，明白了，可是如何实现呢？

给你点提示：你可以尝试用我们之前学过的for循环结合RGB模式来实现这个效果，想一想变量*i*应该放到什么位置？

哦，我明白了，我试试。
老师，你看是这个效果吗？如图5-12所示。

图5-12　彩色呼吸灯程序

很棒！你注意到了for循环中的变量*i*要放到不同的灯的不同颜色中，实现了3个灯以不同颜色呼吸。再问你个问题，呼吸灯呼吸的速度由什么控制？

由“每隔”后面的值，也就是步长值决定！

很好！这里需要提醒你的是，mPython提供的掌控板仿真模拟器运行for循环的速度比掌控板要慢，所以建议你刷入掌控板中进行验证，以便调整呼吸灯的速度。

2.【挑战2】让3个RGB灯同时以相同颜色渐变（呼吸灯+变色）。

老师，如何逐渐改变颜色呢？我不太明白。

要想实现变换颜色，需要保证至少一种颜色有数值，再增加或减少另一种颜色的值，实现在不同的颜色间不断变换，我给你做个示范，你就懂了，如图5-13所示。

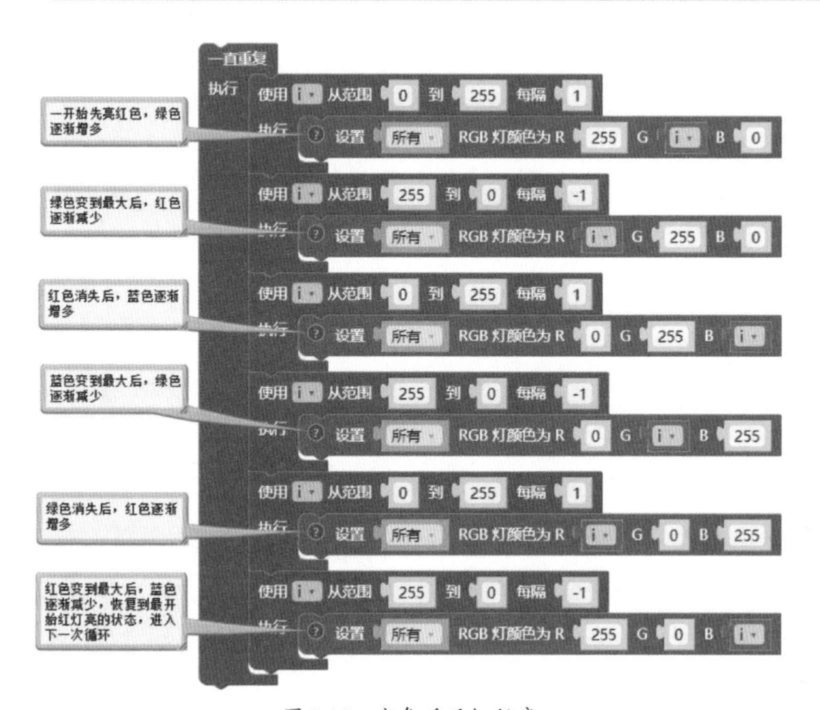

图5-13　变色呼吸灯程序

这个程序确实有点复杂，不过看了程序左侧的说明文字我就懂了。老师，这个功能是mPython自带的吗?

是的，这个功能叫作【注释】，在很多编程语言中都有注释功能，就是为了便于程序员记录或说明程序的作用或功能，以便协作、交流或帮助自己理解，这样可以提高程序的易读性，让程序更容易被看懂。在积木上单击鼠标右键，选择【添加注释】，如图5-14所示；再单击问号图标，在弹出的气泡中输入注释即可，如图5-15所示。

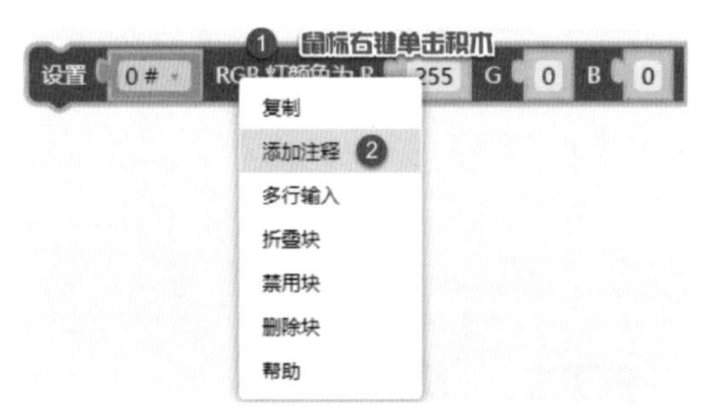

图 5-14 选择【添加注释】

图 5-15 输入注释

明白了，这的确是一个简单又实用的功能。

3.【挑战3】让3个RGB灯分别渐变颜色，制作七彩祥云。

要想让灯光变换效果更炫酷，就得让3个RGB灯分别变换颜色，请你根据刚才老师提供的案例尝试着写一下程序吧。

这个程序好像有点难，我得好好想想。

确实有点难，老师帮你开个头，剩下的程序以此类推，你应该就会写了，如图5-16所示。

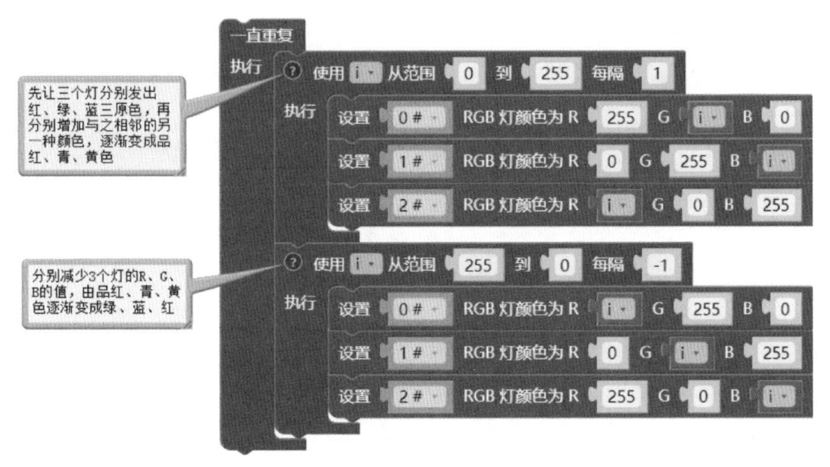

图5-16 七彩祥云程序（部分）

老师，我按照你给的思路写出来了，如图5-17所示，刷入掌控板测试成功了！好漂亮呀！

可是老师，如何做成云朵的样子呢？

我给你准备了几个医用脱脂棉球，你把它们撕开并铺在RGB灯上看看效果如何。

哇，老师你快看，如图5-18所示，真的像七彩祥云一样，还在不断变色呢，太漂亮了！

祝贺你成功啦！快拍个视频留个纪念吧！
你也可以试试用其他半透明材料遮住RGB灯看看效果如何。

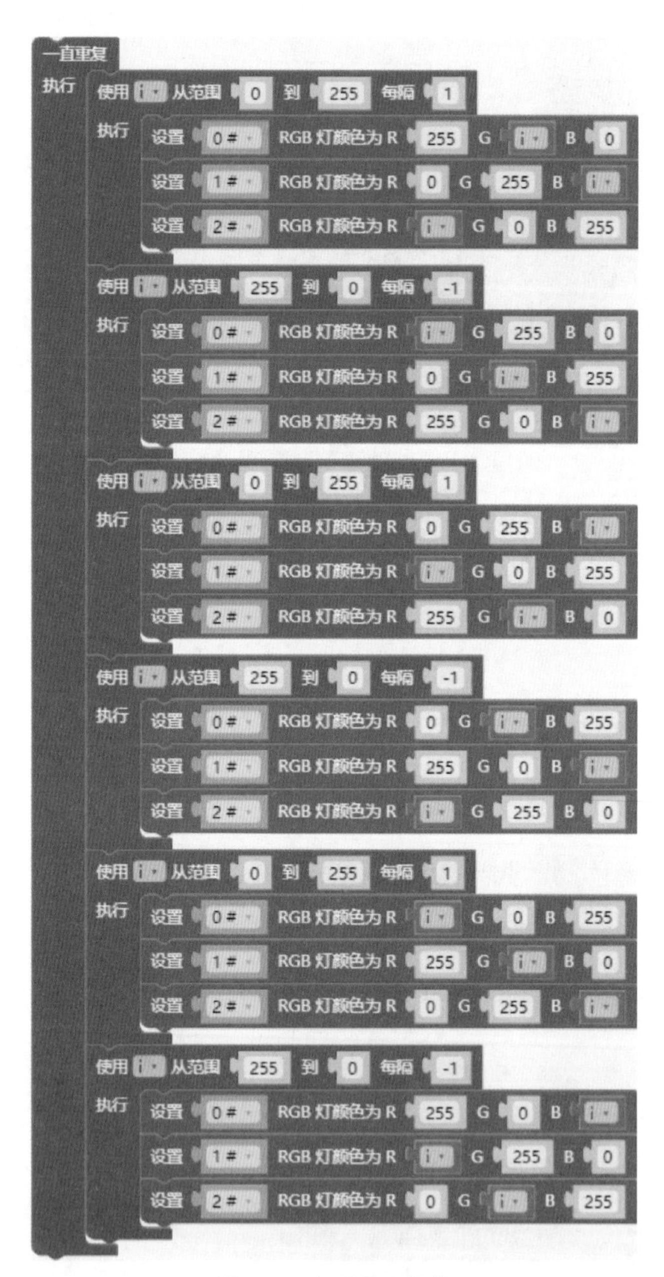
一直重复
执行
使用 i 从范围 0 到 255 每隔 1
执行
设置 0# RGB 灯颜色为 R 255 G i B 0
设置 1# RGB 灯颜色为 R 0 G 255 B i
设置 2# RGB 灯颜色为 R i G 0 B 255
使用 i 从范围 255 到 0 每隔 -1
执行
设置 0# RGB 灯颜色为 R i G 255 B 0
设置 1# RGB 灯颜色为 R 0 G i B 255
设置 2# RGB 灯颜色为 R 255 G 0 B i
使用 i 从范围 0 到 255 每隔 1
执行
设置 0# RGB 灯颜色为 R 0 G 255 B i
设置 1# RGB 灯颜色为 R i G 0 B 255
设置 2# RGB 灯颜色为 R 255 G i B 0
使用 i 从范围 255 到 0 每隔 -1
执行
设置 0# RGB 灯颜色为 R 0 G i B 255
设置 1# RGB 灯颜色为 R 255 G 0 B i
设置 2# RGB 灯颜色为 R i G 255 B 0
使用 i 从范围 0 到 255 每隔 1
执行
设置 0# RGB 灯颜色为 R i G 0 B 255
设置 1# RGB 灯颜色为 R 255 G i B 0
设置 2# RGB 灯颜色为 R 0 G 255 B i
使用 i 从范围 255 到 0 每隔 -1
执行
设置 0# RGB 灯颜色为 R 255 G 0 B i
设置 1# RGB 灯颜色为 R i G 255 B 0
设置 2# RGB 灯颜色为 R 0 G i B 255

图 5-17　七彩祥云程序

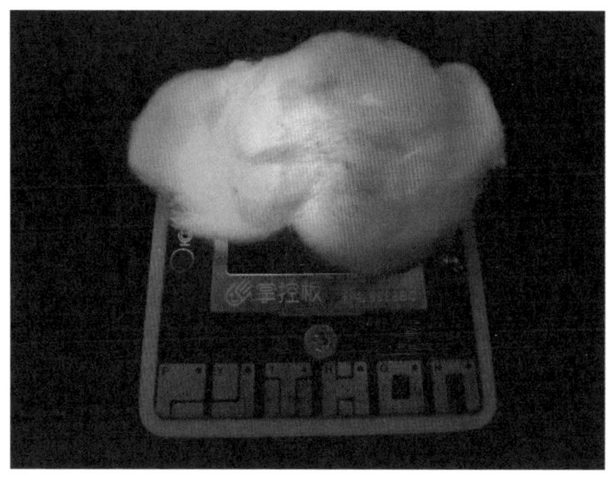

图 5-18　七彩祥云

每当夜幕降临，城市里各个角落的霓虹灯、景观灯就闪耀起来，很多城市在重要节假日时还有绚丽的灯光秀，这也成为每个城市最亮丽的风景线，图5-19是曾老师生活的城市——乌鲁木齐的灯光秀。小白同学，你现在明白霓虹灯、灯光秀、城市景观灯是如何变化出五颜六色的灯光了吧！

图 5-19　乌鲁木齐灯光秀

哇，好美啊！现在明白了，不过要想控制这么多的RGB灯，想想整个电路连线和程序都感觉很复杂呀！

的确如此，基本原理咱们已经搞明白了，具体复杂的功能就要学习更多的知识，学无止境，我们一起加油吧！

RGB灯在生活中还有很多的应用，比如霓虹灯、景观灯、电子大屏、灯光秀、家用电器等，其实手机和计算机屏幕演示颜色的原理也和它类似。建议你平时多观察，想想控制它们的程序是如何编写的，这样也会对你的编程思维有很大提升和帮助。

拓展任务

请你利用课余时间试一试还能做出哪些炫酷颜色变换方式，它有没有什么实际用途？你还见过霓虹灯有哪些特殊的变换效果？请你尝试把它实现，实现不了的先写下来，等学会相应知识以后再逐渐完善。欢迎你把作品以图文或视频的方式上传到论坛里和大家展示、分享，遇到问题也可以在论坛里向大家求助。

知识网络

本课知识结构网络如图5-20所示。

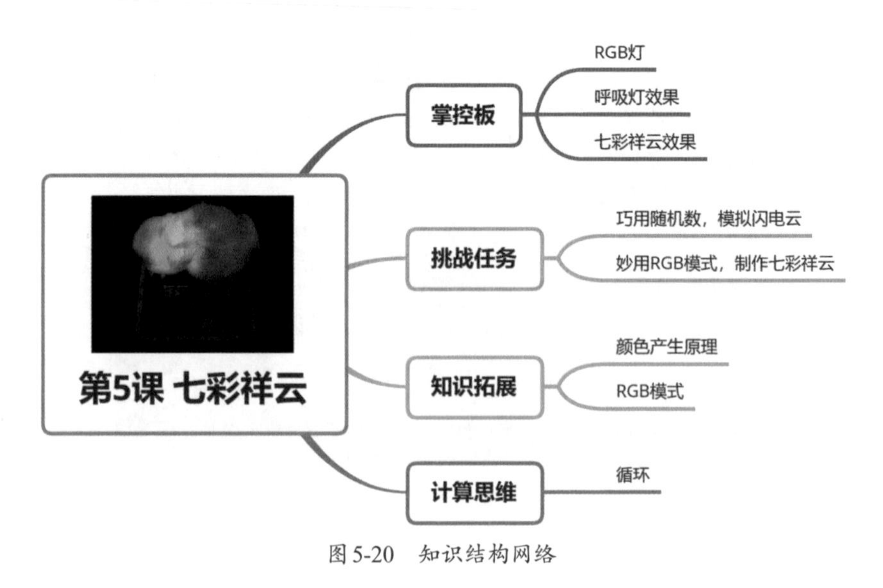

图5-20　知识结构网络

（1）核心积木。

设置 0# RGB 灯颜色为 R 255 G 0 B 0

（2）物体显示颜色原理。

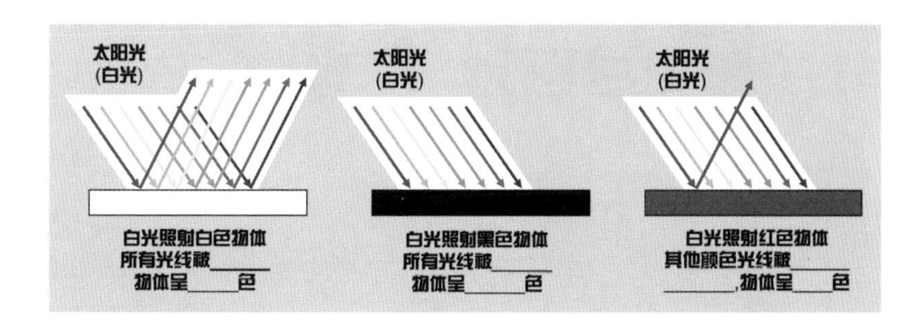

（3）RGB光学三原色。

- R：Red红色，G:________，B:________。
- 每种颜色的取值范围从______到______。
- 请在下图中填写正确的颜色值。

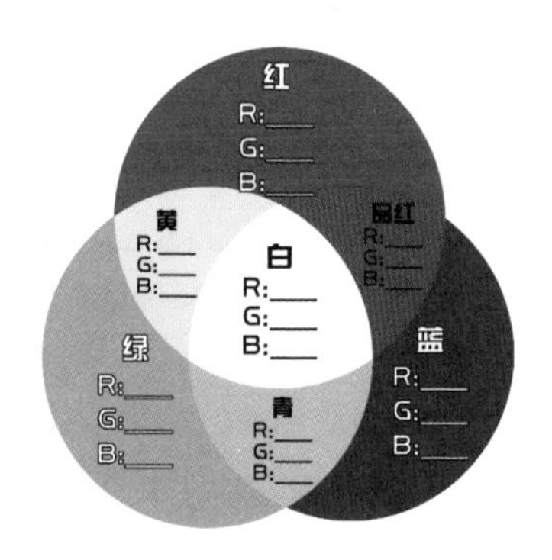

（4）三色呼吸灯。

在空白处填写合适的值，实现3个RGB灯分别以红、绿、蓝3种颜色呼吸的效果。

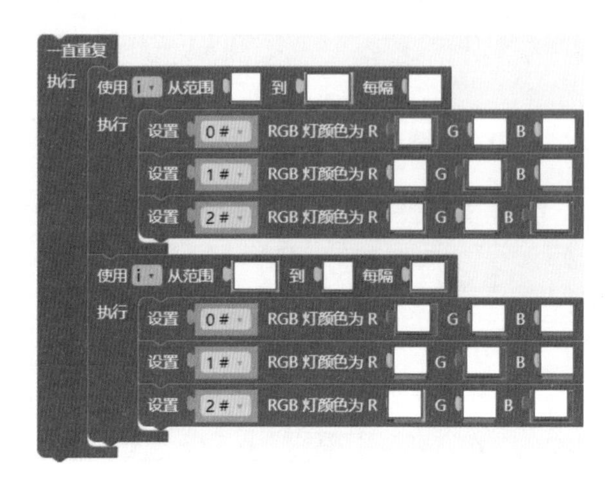
一直重复
执行
使用 i 从范围 到 每隔
执行
设置 0# RGB 灯颜色为 R G B
设置 1# RGB 灯颜色为 R G B
设置 2# RGB 灯颜色为 R G B
使用 i 从范围 到 每隔
执行
设置 0# RGB 灯颜色为 R G B
设置 1# RGB 灯颜色为 R G B
设置 2# RGB 灯颜色为 R G B

第6课 揭秘摩尔斯码

项目背景

在影视剧中我们常常会看到发电报的镜头，如图6-1所示。也会听到发电报时嘀嗒的声音，可是你知道电报是如何发送的？又是如何用嘀嗒声表示信息的呢？本课就用掌控板模拟出一个发报机，尝试用嘀嗒声收发电报，传递加密的信息吧！

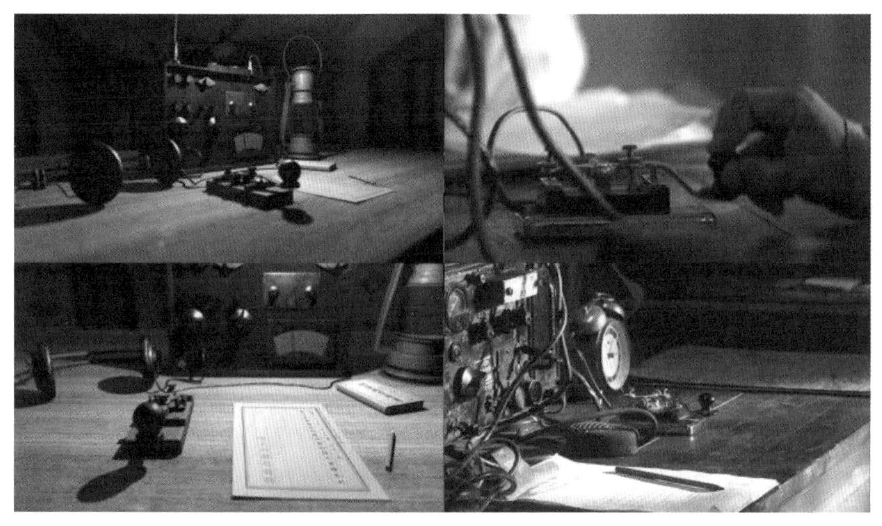

图6-1　发报机

我确实很想知道这些听不懂的嘀嗒是怎么表示信息的，感觉很神奇啊！

嘀嗒其实是用声音表示的摩尔斯码，今天老师就带你揭开摩尔斯码的神秘面纱。

老师，什么是摩尔斯码?

好，我先给你科普一下关于摩尔斯码的知识。

摩尔斯码也被称作莫尔斯码、摩尔斯电码或摩斯密码，是一种时通时断的信号代码，通过不同的排列顺序来表达不同的英文字母、数字和标点符号。

摩尔斯码包括5种：点“•”，读“嘀”（Di）；划“—”，读“嗒”（Da）；点和划之间的停顿；每个字符之间短的停顿；每个词之间中等的停顿及句子之间长的停顿。国际通用的摩尔斯码如图6-2所示。

字符	电码符号	字符	电码符号	字符	电码符号
A	•—	N	—•	1	•————
B	—•••	O	———	2	••———
C	—•—•	P	•——•	3	•••——
D	—••	Q	——•—	4	••••—
E	•	R	•—•	5	•••••
F	••—•	S	•••	6	—••••
G	——•	T	—	7	——•••
H	••••	U	••—	8	———••
I	••	V	•••—	9	————•
J	•———	W	•——	0	—————
K	—•—	X	—••—	?	••——••
L	•—••	Y	—•——	/	—••—•
M	——	Z	——••	( )	—•——•—

图6-2　摩尔斯码

哦，原来如此！可是老师，我有个疑问：点和划之间的停顿到底多短叫短、多长叫长？有没有什么规定呢?

问得好！摩尔斯码规定的标准间隔时间为：用t代表单位时间间隔，嘀= $1t$，嗒=$3t$，嘀嗒间=$1t$，字符间=$3t$，单词间=$7t$，一会儿我们就要用这个规则发送摩尔斯码电报！

任务1：发送求救信号——初识蜂鸣器

小白同学，如果在野外遇险需要发送求救信号，你能想到哪些方式呢？

嗯，我觉得可以打电话、喊叫、敲击、闪光、点火、放烟、挥动东西……

你想得还挺全面的嘛！其实在野外喊叫是最不理智的方式，除非附近有人或救援人员已经赶到附近了，否则喊叫是很费体力的，而且有可能招来其他野生动物。如果手机没信号，我们在夜晚可以用点火或闪光的方式求救，完成【挑战1】就可以应对这种情况了。

1.【挑战1】用触摸键+RGB灯闪烁的方式发送求救信号。

国际通用的求救信号是SOS，请你对照图6-2所示的摩尔斯码表，把SOS翻译成摩尔斯码吧。

• • • — — — • • •

感觉还挺简单的嘛！

很棒！请你用触摸键控制RGB灯闪烁的方式发送SOS的摩尔斯码，要注意时间间隔，由于是手动控制，其中t所表示的时长对于没有经过专业训练的人只能靠自己估计了，你先感受一下。

这个感觉很简单呀，我试试。

老师，为什么我的RGB灯打开后就关不掉了？如图6-3所示。

图 6-3　触摸键控制 RGB 灯闪烁（1）

这是因为用你的这种方法需要用两个触摸键才能实现闪烁：1个键负责开灯，1个键负责关灯，实现不了我们想要的效果。我来告诉你一种用一个键就能实现的新积木——【如果否则】，如图6-4所示。

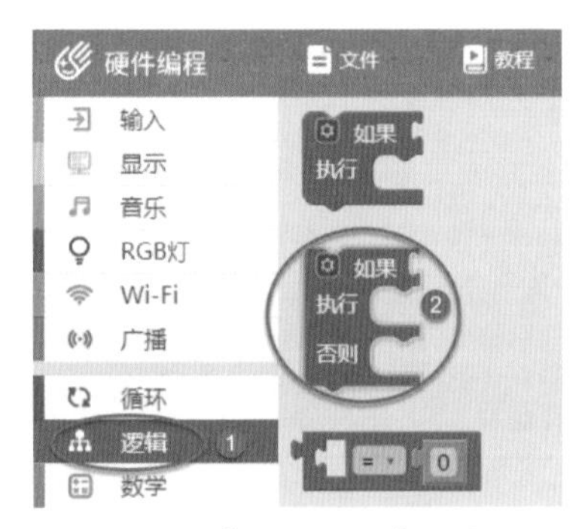

图 6-4 【如果否则】积木

这个积木该如何使用呢?

【如果】右边是判断的条件，积木中包含的是执行的内容，例如，如果饿了，就吃饭；而【否则】中包含的就是不满足条件时要执行的内容，例如，如果P键被触摸，就开灯，否则就灭灯；有的判断只需要如果，不需要否则也可以；还有的需要多个如果。这些我们以后会学。

在这里与P键被触摸相关的积木在【输入】积木库中就可以找到，完成【挑战1】要用到图6-5所示的积木。

噢，我懂了！老师，你看，这次我成功了！如图6-6所示，我可以用闪灯的方式发送SOS了，不过我总觉得好像少了点什么。

哈哈，完成【挑战2】你就知道缺什么了。

图6-5 触摸键P已经按下

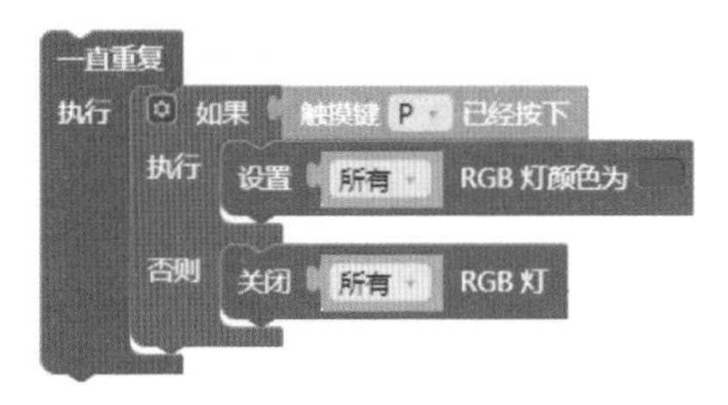

图6-6 触摸键控制RGB灯闪烁（2）

你想想能不能实现按下灭、不按的时候亮?

嗯，这个简单，把【关闭所有RGB灯】和【设置所有RGB灯颜色为红色】换个位置就可以了，可是这么做有什么用呢?

你想想，生活中有没有正常工作时要处于开启状态、遇到紧急状况时才需要用按钮关闭的东西?

虽然不多，但是好像真有，比如商场里的电梯，有台阶带扶手的那种，平时正常运转，遇到紧急情况一按红色按钮就停止了。

很棒！说明你平时很注意观察生活！我们把按下通、松开断的开关叫作正逻辑开关；把按下断、松开通的开关叫作负逻辑开关。我们根据实际用途选择合适的方式即可。

2.【挑战2】用触摸键+RGB灯闪烁+嘀嘀声的方式发送求救信号。

噢，对了，缺少声音，可是怎样控制掌控板发出声音呢?

还记得在第0课我说过掌控板背面有个蜂鸣器吗？如图6-7所示，用它就可以发出声音。

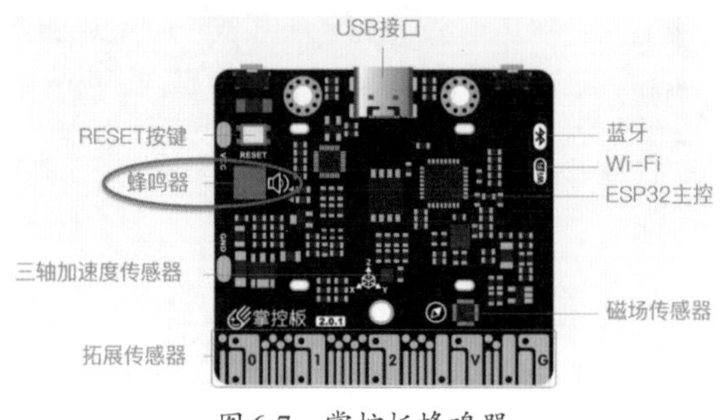

图6-7　掌控板蜂鸣器

到底什么是蜂鸣器？它为什么会响呢？

好的，我先来给你科普一下蜂鸣器的知识，再告诉你如何控制它。

知识拓展

蜂鸣器（buzzer）也称为讯响器或声响器，它是一种能将音频信号转化为声音信号的发音器件，在家用电器上，在银行、公安的报警系统中，在电子玩具、游戏机中都得到了普遍应用。

蜂鸣器按照有没有振荡源分为有源蜂鸣器和无源蜂鸣器，如图6-8所示。

图6-8　有源蜂鸣器与无源蜂鸣器

“源”是指振荡源，可以理解为提供固定频率声音的装置，有振荡源就只能发出固定的嘀嘀声，无振荡源就可以给它提供不同的信号以控制它发出不同声音。

有源蜂鸣器：背面一般有黑胶封闭，内部自带振荡源，通电即可发声，振荡频率固定，所以只能发出嘀嘀声，多用于报警器、门禁、安检设备、汽车等。

无源蜂鸣器：背面一般裸露着电路板，内部不带振荡源，通电后不发声，须外加振荡信号，频率可改变，可以发出do、re、mi、fa、sol、la、si等各种音调，可用于电子贺卡、玩具等。咱们的掌控板上装的就是无源蜂鸣器，只是集成度更高，体积更小。

哦，我明白了，那如何用编程控制它发声呢？

这就要用到【音乐】积木库中的【播放连续音调】和【停止播放音乐】积木了，如图6-9所示。

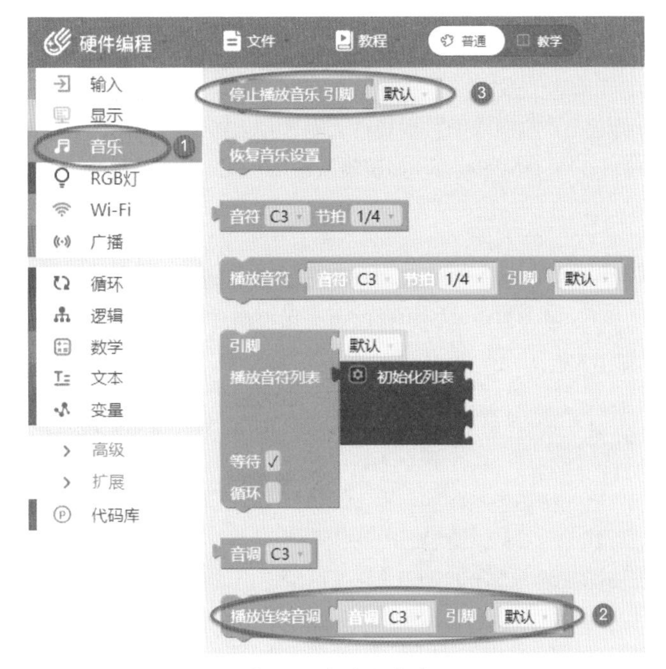

图6-9　音乐积木库

噢，我明白了！老师你看，我做好了，如图6-10所示。

老师，为什么这个声音这么难听，不像影视剧中听到的那种声音啊？

哈哈，这是因为默认的音调是C3，太低了，你把音调改为B5就好了。

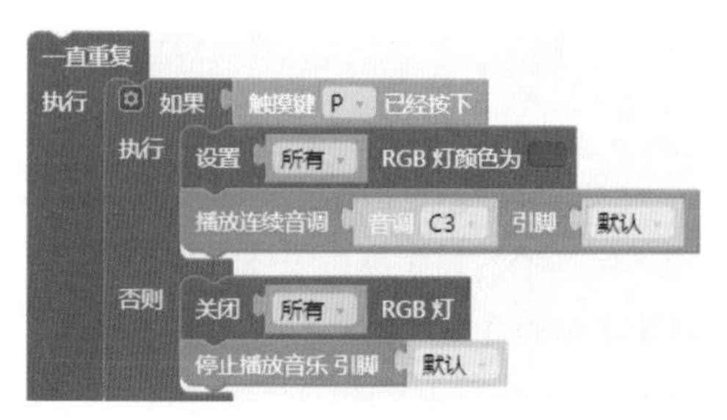

图 6-10　闪灯+声音程序

嗯，这下好多了！老师，C3、B5以及里面其他的字符都是什么意思啊？

它们表示音调的高低，我们在下一课会详细讲解。

3.【挑战3】用自动控制+RGB灯闪烁+嘀嘀声+屏幕正中央显示SOS的方式发送求救信号。

手动发送比较麻烦，而且需要有人不停地去按，请你尝试把它改成自动发送求救信号，发送规则中的t建议设置为0.1秒，同时也顺便复习一下之前讲的坐标，实现在屏幕正中央显示SOS，请你试试吧。

老师，要想发出“嘀嘀嘀 嗒嗒嗒 嘀嘀嘀”这样的声音，看起来很简单，可是这种简单重复的程序写起来好麻烦，有没有什么便捷的方法解决这种重复几次的事情呢？

当然有了，给你一个线索，去【循环】积木库中找找看。

噢，我找到了，有个【重复10次】积木，如图6-11所示，这下方便多了，我试试。

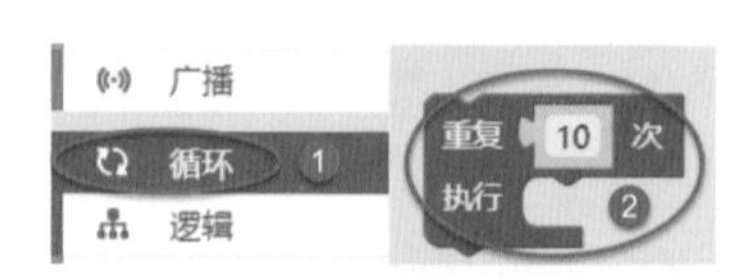

图 6-11　【重复10次】积木

先别急，我们再来复习一下发送规则：用t代表单位时间间隔，如0.1秒，嘀=1t，嗒=3t，嘀嗒间=1t，字符间=3t，单词间= 7t。注意，重复发送SOS时，SOS之间相当于是单词间，所以发送完要等待7t。

好的，我明白了，这个程序好长啊。老师，你看是不是这样？如图6-12所示。

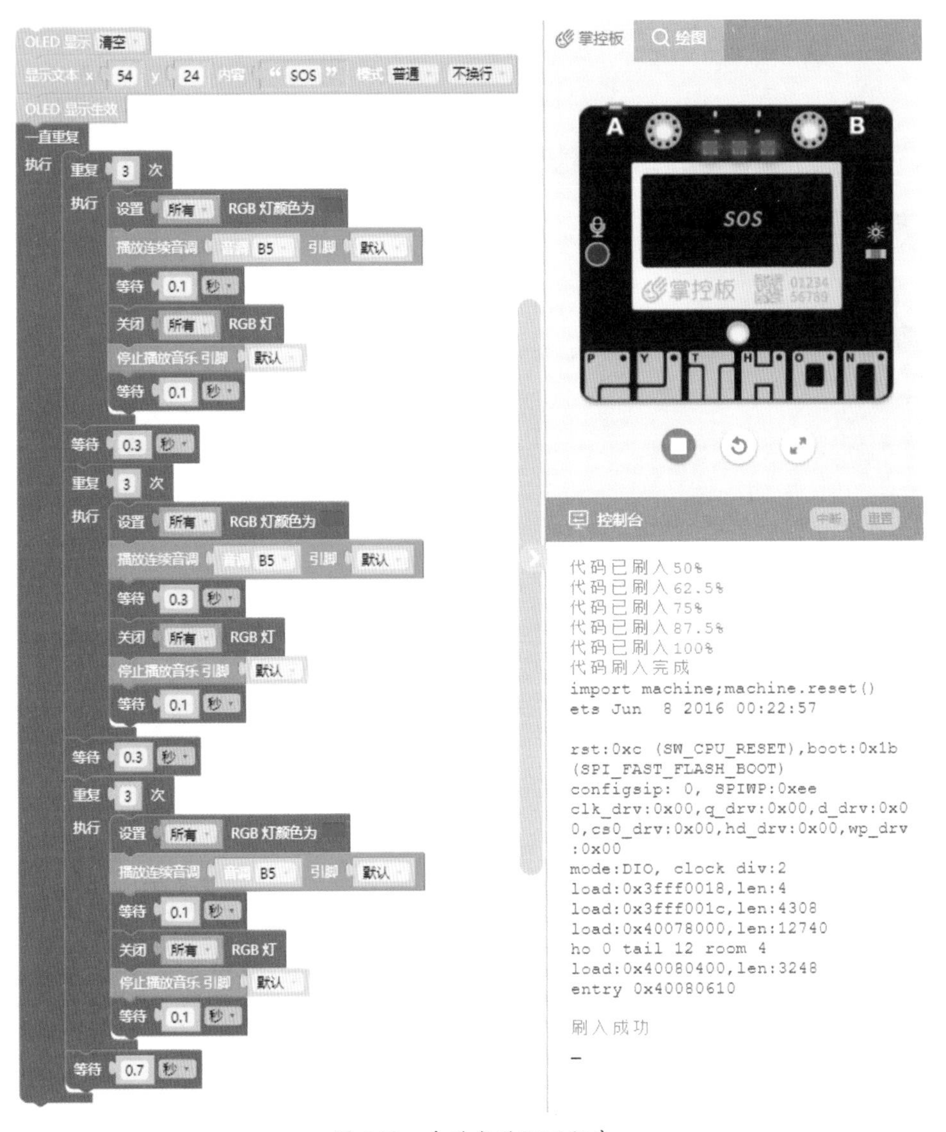

图6-12 自动发送SOS程序

很棒！一次成功！这是目前你写过最长的程序了，如果没有重复执行3次，这个程序还会长不少呢。【重复3次】这种循环叫作有限循环，它是有停止条件的，不像【一直重复】是无限循环的。合理使用这两种循环，可以为编程带来很多便利，以后我们还会多次用到。

任务2：摩尔斯码发报机——蜂鸣器与广播

小白同学，你想不想像影视剧中的战士一样，亲手发送一条摩尔斯码电报呢？

想啊！我都有点迫不及待了！

1.【挑战1】你发我猜。

小白同学，你先想一下，构成一台发报机至少要有哪些要素或功能？

需要一个按钮用来发送信息，得有耳机，用来听接收到的信息，还要有嘀嘀声，当然还得有一台能发射信号的机器。

很好，我们先来考虑一下，要按下按钮或触摸按键就发出嘀嘀声，再加上同步闪灯效果，用刚才做过的哪个程序就可以模拟这个发射部分？

哦，我想起来了，用图6-10所示闪灯+声音的程序就可以模拟手动发电报！可是怎么让另一个掌控板收到我发出的信号呢？

问得好！其实我们的掌控板自带一个无线广播功能，这是一种无线通信方式（2.4G的无线射频通信，可以理解为类似收音机的广播），共13个信道（channel，可以理解为收音机收到的不同广播电台），可实现一定区域内（掌控板发射功率有限，只能实现约20米范围）的简易组网通信。在相同信道下，掌控板间可实现一对一或一对多接收或发送广播消息。这就像对讲机一样，在相同信道下实现通话。如图6-13所示。

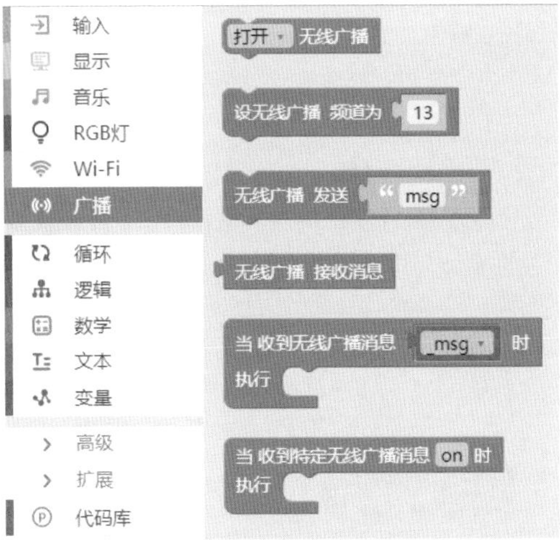

图6-13　无线广播功能

我找到了，积木不多，可是该如何使用呢？

使用方法其实比较简单，无论收发，首先要【打开无线广播】，然后设定为相同的无线广播信道，信道范围为1~13，发射端和接收端必须在同一信道才能实现收发信息。发送端使用【无线广播发送】来发送信息，将你要发的信息填写到“msg”中即可，我们对图6-10所示的程序进行修改即可，如图6-14所示。

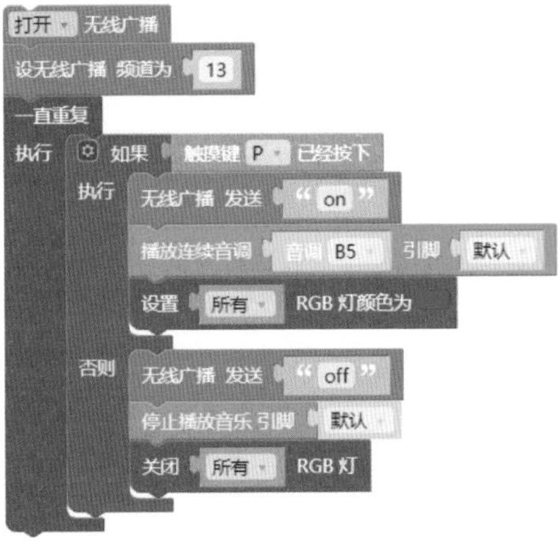

图6-14　无线广播发射端

啊，就这么简单啊!

是的，注意:【打开无线广播】和【设置无线广播频道为】积木不用放到【一直重复】中，因为它们只需要设定一次就行了，不用重复执行，像这种只需要在程序开始时运行一次的操作，叫作初始化。

老师，接收端让我自己试试，你看这样对不对？如图6-15所示。

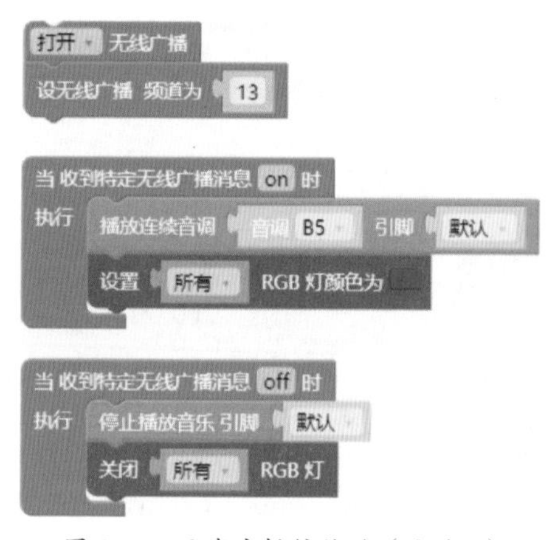

图6-15　无线广播接收端（方法1）

嗯，这样是可以的。我再教你一种方法，再给你一块掌控板，一个当发射端，一个当接收端，你对比测试一下两种接收端程序，看看哪种方法好，如图6-16所示。注意：“ ”在【逻辑】积木库中， 在【文本】积木库中就可以找到。

哇，真的可以远距离无线收发信息啦！我觉得您讲的方法2更好，接收端的反应更快，我的方法接受信号总是会慢一些，这是为什么呢?

是的，这是由于方法2里用到了【重复执行】这样的无限循环，所以程序每秒至少会重复运行几十次，运行效率更高，接收端的反应也就变快了。

```
打开 无线广播
设无线广播 频道为 13
一直重复
执行 如果 无线广播 接收消息 = "on"
     执行 播放连续音调 音调 B5 引脚 默认
          设置 所有 RGB 灯颜色为
     如果 无线广播 接收消息 = "off"
     执行 停止播放音乐 引脚 默认
          关闭 所有 RGB 灯
```

图6-16 无线广播接收端（方法2）

小白同学，下面请你和同学四人一组一起玩一下，每组按座位顺序从1开始依次设定广播频道，然后每人发送一个字母或数字，其他人将其记录下来并对照摩尔斯码表把信息翻译出来，感受一下摩尔斯码电报是如何手动收发的！一定要注意发射规则和发射间隔！

哈哈，真好玩！可是老师，为什么我们发不了像电影电视里演得那么快，还很容易发错？

专业发报员要经过长期艰苦的训练才能那么熟练，咱们才刚开始，所以很慢，也很容易出错，可想而知，以前要想成为一名发报员有多难！

嗯，我懂了，向他们致敬！

用同样的办法，还可以试试每人依次发送一个单词甚至句子！

2.【挑战2】用摩尔斯码发送中文电报。

小白同学，刚才你们发送的都是英文字母或数字，你想不想发送中文信息？

想啊！我英语水平有限，要是能发中文就太好了！

你想一想，可以用什么方法发中文？

嗯……可以用拼音！

哈哈，你用拼音拼一下“十是十，四是四”试试。

哦，确实不行，中文同音字太多了，用拼音会造成很多错误和混乱的。

所以想用摩尔斯码发送中文，就需要其他更复杂的方法了！

中文的编码方案有很多，但基本依据都是汉字的拼音和字形两种属性。要想准确地表达中文，就不得不提到两种经典的汉字编码方式：五笔码和区位码。

五笔码

五笔字型完全依据笔画和字形特征对汉字进行编码，是典型的形码输入法。在五笔字型中，字根多数是传统的汉字偏旁部首，同时还把一些少量的笔画结构作为字根，也有硬造出的一些“字根”，五笔基本字根有130种，加上一些基本字根的变型，共有200个左右。键盘上有26个英文字母键，五笔字根分布在除Z键之外的25个键上，如图6-17所示。

五笔字型输入法规定，每个汉字为四码，不足四码，空格补足。如：“风”可拆分为冂、乂，输入mq即可；正好四码按四码输入，如“都”可拆分为土、丿、日、阝，输入ftjb即可；超过四码取前三码和末笔码，如“警”可拆分为艹、勹、口、言，输入aqky即可。

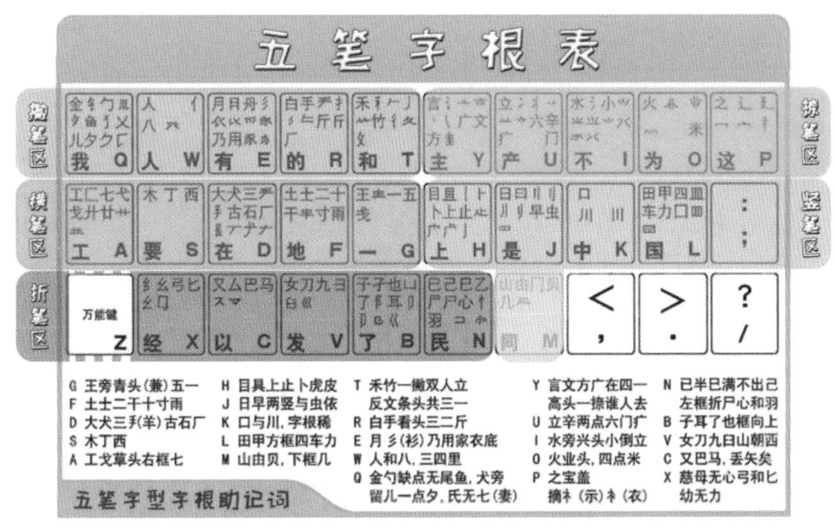

图6-17 五笔字根表

五笔字型虽然用起来有点麻烦，但是每个汉字用最多4个英文字母就可以表示了，而且每个字的编码都是唯一的，没有重码。部分中文五笔编码如图6-18所示。

A	傲 WGQT	斑 GYG	保 WK	迸 UAP	辩 UYU	勃 FPB
啊 KB	奥 TMO	班 GYT	堡 WKSF	逼 GKLP	辫 UXU	搏 RGEF
呵 BSK	懊 NTM	搬 RTE	饱 QNQN	鼻 THL	遍 YNM	铂 QRG
埃 FCT	澳 ITM	扳 RTC	宝 PGY	比 XX	标 SFI	箔 TIR
挨 RCT		般 TEM	抱 RQN	鄙 KFL	彪 HAME	伯 WR
哎 KAQ		颁 WVD	报 RB	笔 TT	膘 ESF	帛 RMH
唉 KCT	B	板 SRC	暴 JAW	彼 THC	表 GE	舶 TER
哀 YEU	芭 AC	版 THGC	豹 EEQY	碧 GRD	鳖 UMIG	脖 EFP
皑 RMNN	捌 RKLJ	扮 RWV	鲍 QGQ	蓖 GRD	憋 UMIN	膊 EGEF
癌 UKK	扒 RWY	拌 RUFH	爆 OJA	蔽 AUM	别 KLJ	渤 IFP
蔼 AYJ	叭 KWY	瓣 UR	杯 SGI	毕 XXG	瘪 UTHX	泊 IR
矮 TDTV	吧 KC	半 UF	碑 DRT	毙 XXGX	彬 SSE	驳 CQQ

图6-18 部分中文五笔编码

用这种中文编码方法发送摩尔斯码时，只要发送不同英文字母，在字与字之间留好$7t$的停顿即可。

哇，是挺巧妙的，就是感觉太难了！

区位码

1980年，为了使每个汉字有一个全国统一的代码，我国颁布了汉字编码的国家标准:《信息交换用汉字编码字符集 基本集》(GB/T2312—1980)，这个字符集是我国中文信息处理技术的发展基础，也是国内所有汉字系统的统一标准。区位码是一个四位的十进制数，每个区位码都对应着唯一的汉字或符号，区位码的前两位叫作区码，后两位叫作位码，如图6-19所示。区位码在日常生活中多用于参加各种重要考试时填涂信息卡中的汉字信息。

a

啊 1601　阿 1602　吖 6325　嗄 6436　腌 7571　锕 7925

ai

埃 1603　挨 1604　哎 1605　唉 1606　哀 1607　皑 1608　癌 1609　蔼 1610　矮 1611　艾 1612　碍 1613　爱 1614　隘 1615　捱 6263　嗳 6440　嗌 6441　嫒 7040　瑷 7208　暧 7451　砹 7733　锿 7945　霭 8616

an

鞍 1616　氨 1617　安 1618　俺 1619　按 1620　暗 1621　岸 1622　胺 1623　案 1624　谙 5847　埯 5991　揞 6278　犴 6577　庵 6654　桉 7281　铵 7907　鹌 8038　黯 8786

ang

肮 1625　昂 1626　盎 1627

ao

凹 1628　敖 1629　熬 1630　翱 1631　袄 1632　傲 1633　奥 1634　懊 1635　澳 1636　坳 5974　拗 6254　嗷 6427　岙 6514　廒 6658　遨 6959　媪 7033　骜 7081　獒 7365　聱 8190　螯 8292　鏊 8643　鳌 8701　鏖 8773

ba

芭 1637　捌 1638　扒 1639　叭 1640　吧 1641　笆 1642　八 1643　疤 1644　巴 1645　拔 1646　跋 1647　靶 1648　把 1649　耙 1650　坝 1651　霸 1652　罢 1653　爸 1654　茇 6056　菝 6135　岜 6517　灞 6917　钯 7857　粑 8446　鲅 8649　魃 8741

bai

白 1655　柏 1656　百 1657　摆 1658　佰 1659　败 1660　拜 1661　稗 1662　捭 6267　呗 6334　掰 7494

ban

斑 1663　班 1664　搬 1665　扳 1666　般 1667　颁 1668　板 1669　版 1670　扮 1671　拌 1672　伴 1673　瓣 1674　半 1675　办 1676　绊 1677　阪 5870　坂 5964　钣 7851　瘢 8103　癍 8113　舨 8418

bang

邦 1678　帮 1679　梆 1680　榜 1681　膀 1682　绑 1683　棒 1684　磅 1685　蚌 1686　镑 1687　傍 1688　谤 1689　蒡 6182　浜 6826

bao

苞 1690　胞 1691　包 1692　褒 1693　剥 1694　薄 1701

图6-19　部分中文区位码

这个感觉简单多了，用数字就可以表示中文了!

只要收发双方提前约定好用哪种编码方式，就可以用摩尔斯码发送中文信息了!

不过我觉得查每个字的区位码还是好麻烦！

哈哈，那我给你介绍一个简单易用的工具——摩尔斯码在线翻译器，如图6-20和图6-21所示。

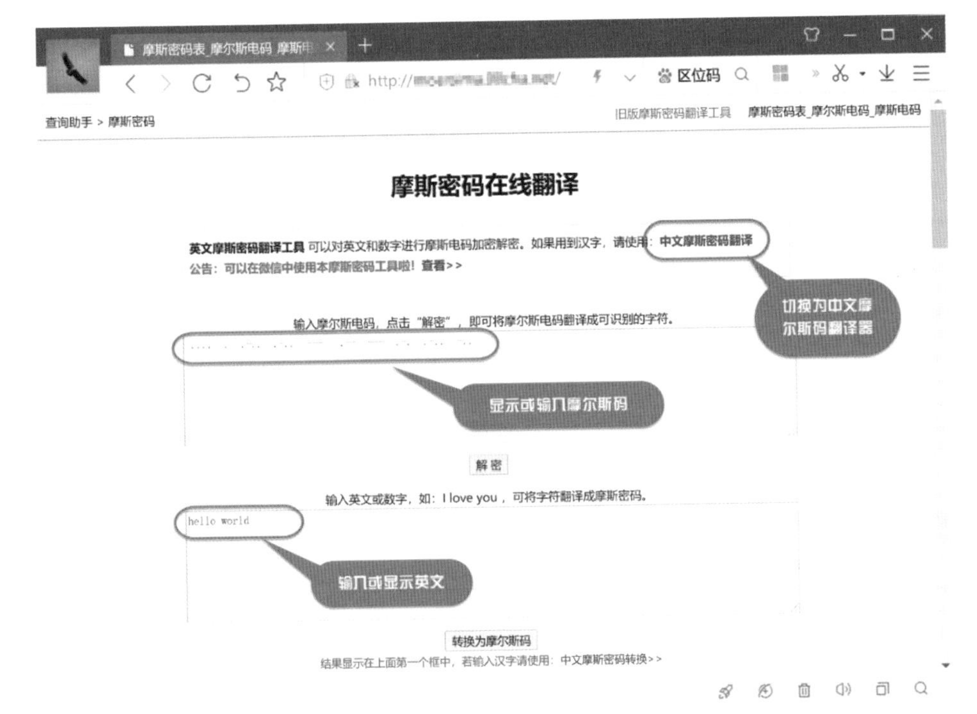

图6-20 摩尔斯码在线翻译器（英文）

哇，这个好，方便快捷，我也去试试！

老师还想问你一个问题，这样发送的信息安全吗？有没有可能被别有用心的人截获并破解？

很有可能，要是很重要的机密被坏人知道了就麻烦了！

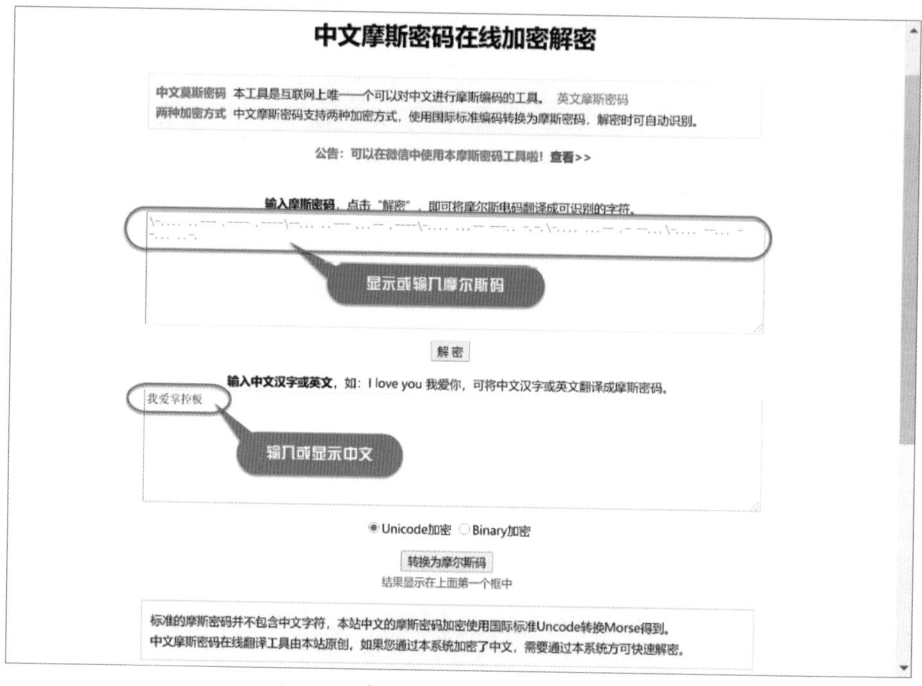

图6-21 摩尔斯码在线翻译器（中文）

为了保护信息，防止信息泄露，在其传输过程中，使用某种数字或物理手段对信息进行转换，转换后的信息通常只能被拥有授权的人解读。这种做法叫作信息加密。我们可以想些办法对信息进行加密来保证信息安全。

知识拓展

我们所处的信息社会，信息无处不在，很多信息需要进行加密来保证安全，典型应用如在线支付、聊天软件、电子邮件等。

有一门学科叫密码学，密码学是研究编制密码和破译密码的技术科学。研究密码变化的客观规律，应用于编制密码以保守通信秘密的，称为编码学；应用于破译密码以获取通信情报的，称为破译学，总称密码学。密码学的首要目的是隐藏信息的含义，并不是隐藏信息的存在。密码学也促进了计算机科学，特别是在计算机与网络安全中所使用的技术。

下面我就给你简单介绍几种常见的加密解密方法。

错位法（恺撒密码）

恺撒密码（英语：Caesar cipher），或称恺撒加密、恺撒变换、变换加密，是一种最简单且最广为人知的加密技术。它是一种替换加密的技术，明文中的所有字母都在字母表上向后（或向前）按照一个固定数目进行偏移后被替换成密文。例如，当偏移量是3的时候，所有的字母A将被替换成D，B变成E，以此类推，如图6-22所示。

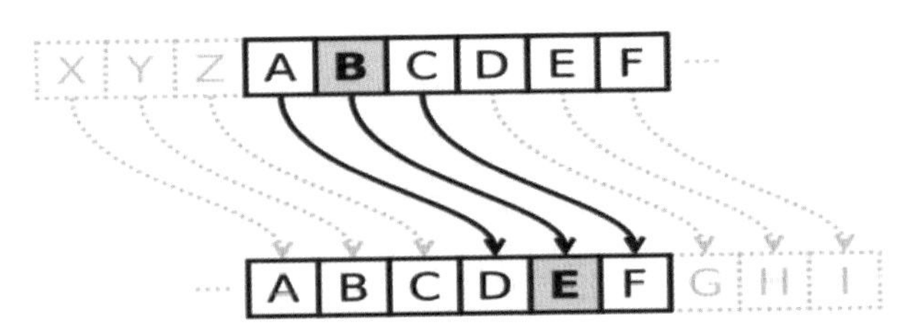

图6-22　恺撒密码的原理

哦，我懂了，这样一来，收到信息的人只要知道偏移几位就可以还原出加密前的信息了！

这种方式在古代靠人工计算来破译确实要花些时间，但是对于计算机来说可能只需要几秒钟就可以把所有的偏移方式都计算一遍，在计算机面前这种加密方式就很容易被破译了。

改变摩尔斯码

这种加密方式就是不用国际通用的摩尔斯码表，而是自己编一套摩尔斯码表，收发信息的人各拿一套即可。

这个简单，那我也可以自己编一套小白同学码表了，嘿嘿！

约定使用同一本书

这种加密方式比较隐蔽，比如我和你提前约定好，使用哪个出版社出版的哪本书，我把要发的文字从书中找出来，然后把第几页第几行第几个字编成一组数字发给你，比如86 7 12，你应该知道怎么解密了吧?

嗯，我收到信息后拿着同一本书，翻到86页第7行第12个字，就知道你发的内容了。

这里面最重要的就是加密方法，我们把加密方法或加密规则也称为“密钥”，有了密钥就能破解各种加密信息了。加密解密的方法有很多，而且随着计算机技术的发展，加密解密方法也越来越复杂，以保证信息得到有效的加密。确保信息安全，不仅关系到每个人的切身利益，还关系到国家安全，所以我们应该坚决抵制各种随意公开密码或破译密码的行为，如随意公开Wi-Fi密码，或者各种账号密码等。

哇，原来这里面还包含着这么多的知识呢，我要告诉我的家人和朋友，一定要妥善保管好自己的各种重要信息。

拓展任务

请你利用课余时间上网查一查，试试能否借助互联网，让掌控板真正实现远距离发送和接收信息。请你尝试把它实现，实现不了的先写下来，等学会相应知识以后再逐渐完善。欢迎你把作品以图文或视频的方式上传到论坛里和大家展示、分享，遇到问题也可以在论坛里向大家求助。

知识网络

本课知识结构网络如图6-23所示。

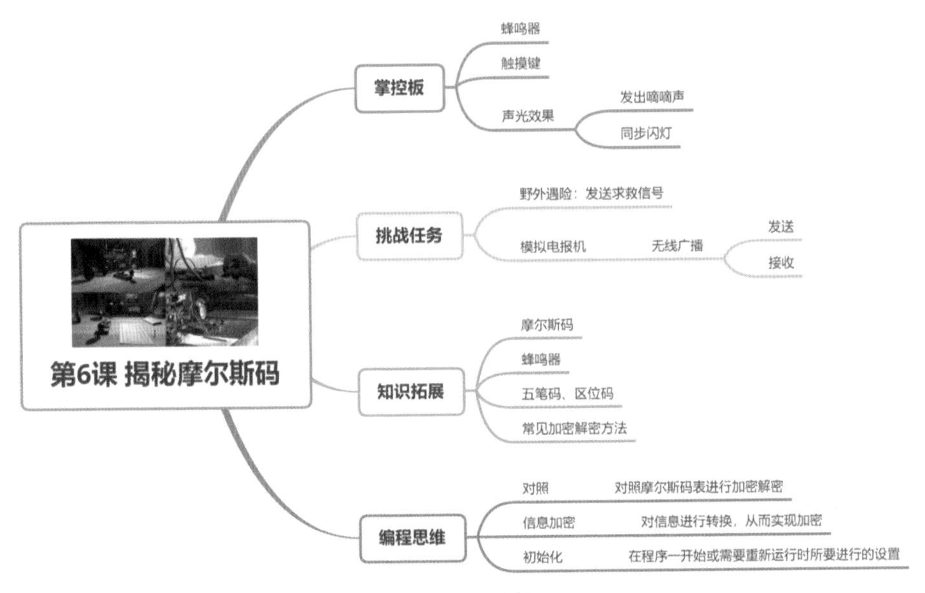

图6-23 知识结构网络

项目手册

（1）核心积木。

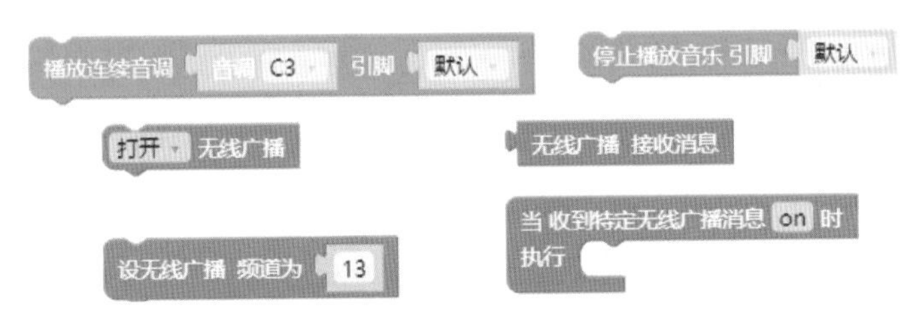

（2）摩尔斯码。

字符	电码符号
A	•—
B	—•••
C	—•—•
D	—••
E	•
F	••—•
G	——•
H	••••
I	••
J	•———
K	—•—
L	•—••
M	——

字符	电码符号
N	—•
O	———
P	•——•
Q	——•—
R	•—•
S	•••
T	—
U	••—
V	•••—
W	•——
X	—••—
Y	—•——
Z	——••

字符	电码符号
1	•————
2	••———
3	•••——
4	••••—
5	•••••
6	—••••
7	——•••
8	———••
9	————•
0	—————
?	••——••
/	—••—•
( )	—•——•—

（3）发送规则。

嘀____t；嗒____t；嘀嗒间____t；字符间____t；单词间____t。

（4）正负逻辑开关。

正逻辑开关：按下____，松开____；负逻辑开关：按下____，松开____。

（5）蜂鸣器。

蜂鸣器（buzzer）也称为______或______，它是一种能将______信号转化为______信号的发音器件。蜂鸣器按照有没有______分为____蜂鸣器和____蜂鸣器。“源”是指______源，可以理解为提供______声音的装置，有振荡源就只能发出______声，无振荡源就可以给它提供不同的信号以控制它发出______声音。

（6）收发广播。

无线广播功能，这是一种无线通信方式（2.4G的无线射频通信），共____个信道（channel），可实现一定区域内（掌控板发射功率有限，只能实现约____米范围）的简易组网通信。在相同信道下，掌控板间可实现____或____接收或发送广播消息。

（7）加密解密。

常用的加密解密方法有______法、______法、______法等。

第7课

掌控音乐盒

项目背景

当我们打开音乐贺卡或玩某些玩具的时候，经常能听到各种音乐，这种音乐虽然不像我们在手机、计算机或电视中听到的音乐那么动听，但是也可以演奏出音乐的旋律。上一课我们已经会用掌控板发出嘀嗒声了，可是怎样才能让它演奏美妙的音乐呢？本课就为你揭晓答案。

小白同学，这次我先问你一个问题，你知道声音是怎样产生的吗？

我记得4年级科学课上学过，声音是由物体振动产生的。

那你知道音量的大小和声音的高低是由什么决定的吗？

呃……这个记不太清了。

我们先来做一个很经典的小实验，先弄清楚这些问题再来学习本课内容。

知识拓展

实验器材

一把直尺（最好是钢制直尺）。

操作步骤

1. 把直尺固定在桌子边上，拨动直尺，如图7-1所示，你会听到什么声音?

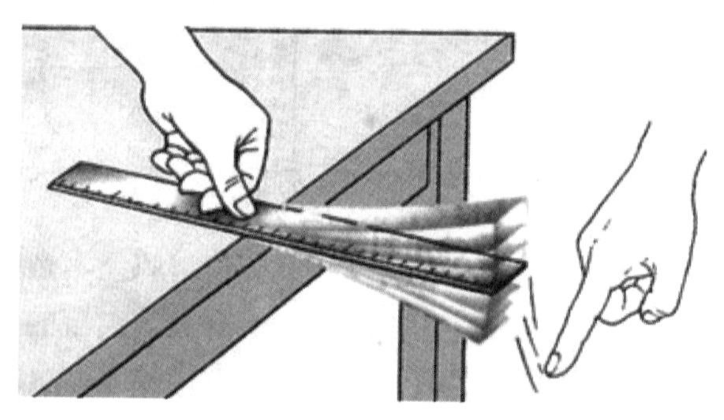

图7-1 实验

2. 用不同的力量拨动直尺，听听声音有什么变化?

3. 调整直尺露出桌边的距离，拨动直尺，听听声音会如何变化?

注意事项

力气不要太大，否则一些特殊材料的尺子容易被折断。

请你按照操作步骤分别试一下，说一下观察到的现象。

（1）尺子会振动，会发出声音;（2）力气越大，声音越大;（3）尺子露出桌边的距离越长，声音越低。

很棒！我再问你几个问题：现象（1）说明声音是由什么产生的?

声音是由振动产生的。

现象（2）说明声音的大小是由什么决定的?

声音的大小是由引起振动的力的大小决定的。

其实声音的大小（音量）是由物体的振幅决定的，我们把振动的幅度称为振幅，振幅越大，音量越大。

现象（3）说明声音的高低（音调）是由什么决定的?

音调是由振动部分的长短决定的。

其实音调是由物体振动的频率决定的。我们把物体每秒钟振动的次数称为频率，单位是赫兹（Hz）。比如每秒振动10次，就写作10Hz。你再想想，钢尺和塑料尺的声音一样吗? 请你完整表述一下声音的特点。

哦，这下我懂了! 振动引起声音，振幅决定音量，频率决定音调的高低。物体的材料、振幅、频率不同，发出的声音也不同。这下我知道为什么不同的乐器演奏的音色不一样了!

任务1：掌控八音盒——奇妙的蜂鸣器

第6课我们用嘀嗒声模拟出了发报机的声音，小白同学，你还记得用来发出声音的积木是哪个吗?

嗯，我找找……是【音乐】积木库中的【播放连续音调】积木，如图7-2所示。

你能用这个积木发出1，2，3，4，5，6，7七个音符吗?

图 7-2 【播放连续音调】积木

1.【挑战 1】让掌控板自动播放七个音符。

老师，我有个地方不明白，音调里面的C3、C#3……如图7-3所示，这些都是什么意思？到底哪个是do，哪个是re呢？

图 7-3　音调

这就要给你普及一点乐理知识了。

我们要弄清楚掌控板中的音调与钢琴键盘及声音频率的对应关系，如图7-4所示。

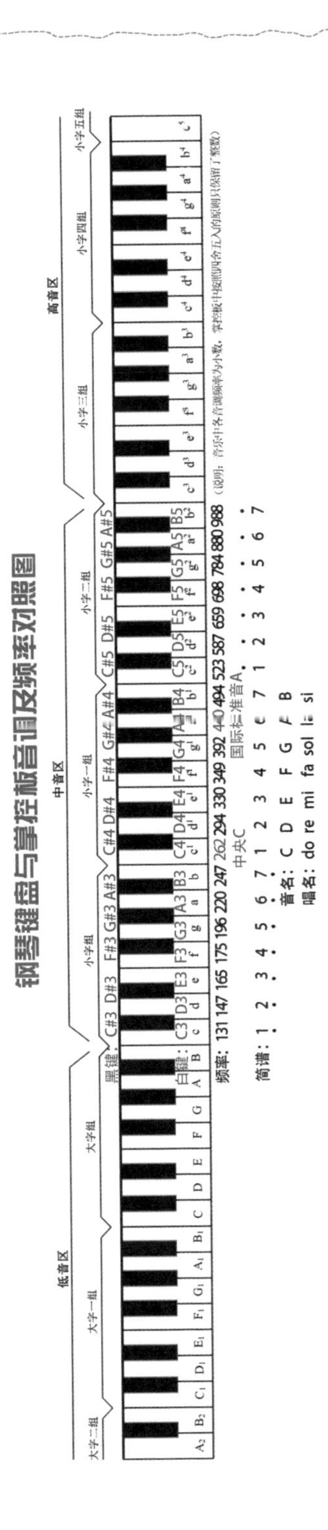

图 7-4 钢琴键盘与掌控板音调及频率对照图

哇，这个图真好，这下我终于明白图7-3中的那些字符都是什么意思了！

请你现在试着完成【挑战1】，让掌控板播放七个音符吧。

好的，我试试……老师，为什么我的掌控板只能发出第一个音？如图7-5所示。

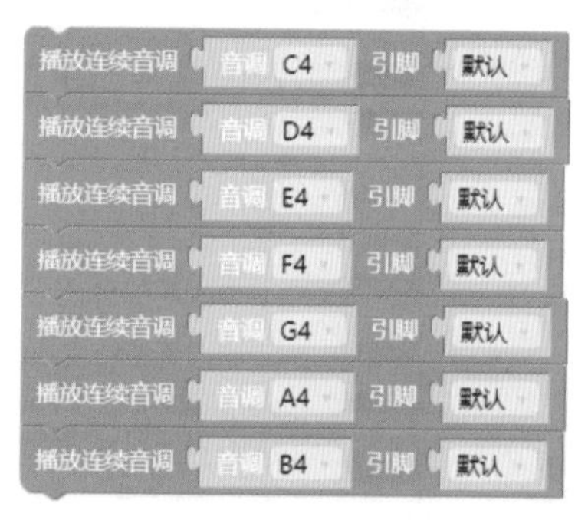

图7-5　七个音符

这是因为你使用的是【播放连续音调】积木，它是用来发出持续不断的声音的，应该用【播放音调延时500毫秒】积木，如图7-6所示，它可以让声音发出指定的时长后停止，你再试试。

图7-6　【播放音调延时500毫秒】积木

哦，我说呢，这次对了，如图7-7所示。

这种方法没问题，但是操作起来有点麻烦，老师还想给你介绍一种全新的方法来完成这个挑战，需要用到一个叫作【列表】的新功能，如图7-8所示。

播放音调 音调 C4 延时 500 毫秒 引脚 默认
播放音调 音调 D4 延时 500 毫秒 引脚 默认
播放音调 音调 E4 延时 500 毫秒 引脚 默认
播放音调 音调 F4 延时 500 毫秒 引脚 默认
播放音调 音调 G4 延时 500 毫秒 引脚 默认
播放音调 音调 A4 延时 500 毫秒 引脚 默认
播放音调 音调 B4 延时 500 毫秒 引脚 默认

图 7-7 自动播放七个音符

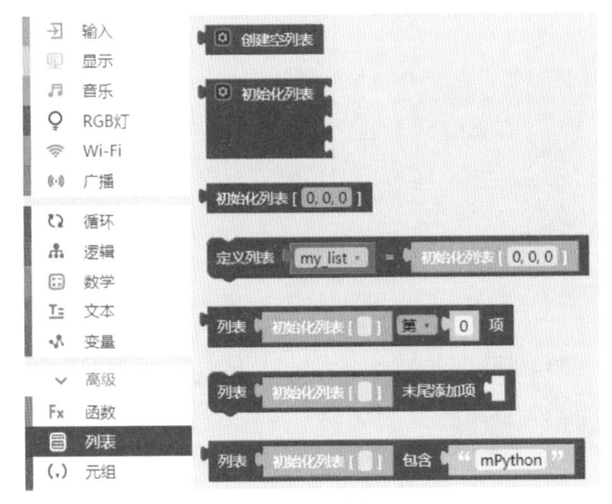

图 7-8 列表

哇，感觉好复杂，到底什么是列表呢？

我们之前学过变量，每个变量里面只能存储一个数据，如果要存储多个数据，比如每个音符对应的频率，就需要用到很多变量，使用起来就比较麻烦。一个列表可以存储多个数据，并且能进行读取、替换、修改、添加、删除等各种操作，功能非常强大。

要想使用列表完成【挑战1】，首先要定义列表，并将七个音符的频率保存到列表中，如图 7-9 所示。

图 7-9　定义列表

列表的内容我们称为“项”，可以使用【列表第0项】积木来读取列表中的内容，如图7-10所示。

图 7-10　列表第0项

注意：列表中的项是从第0项开始计算的。列表就像一连串小盒子，也就是我们所说的“项”，每一个盒子里存放的数据称为“元素”，第几项中的“几”称为“索引值”，它表示元素在列表中的位置，所以列表第0项对应的数据就是262，如图7-11所示。

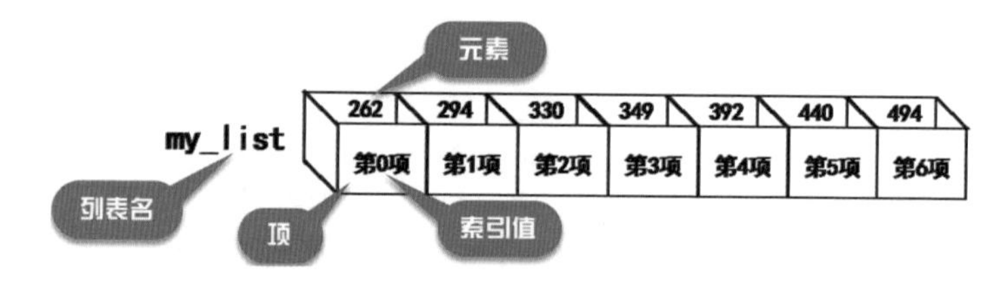

图 7-11　列表示意图

我明白了，可是到底该如何使用它来完成【挑战1】呢？我还是不太懂。

我们要先告诉掌控板，读取哪个列表的第几项，如图7-12所示。当然你也可以在【变量】积木库中找到列表名my_list，然后将my_list拖入【列表（初始化列表[ ]）的第0项】，再播放音调即可，如图7-13所示。

哦，我懂了，剩下的就简单了，我试试！

你先别急，先想一想，既然列表中的项是连续的，我们能不能用之前学的for循环配合列表来完成【挑战1】呢？

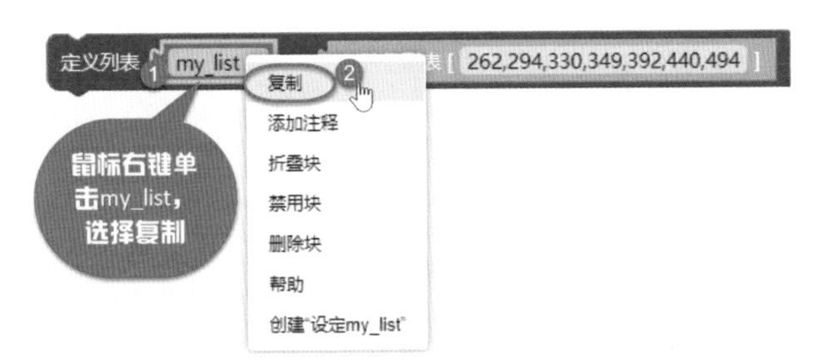

图 7-12 复制列表名

图 7-13 播放列表第0项

哦，我好像明白你的意思了，老师你看这样对不对？如图7-14所示。

图 7-14 列表法完成【挑战1】

很棒！一点就通啊！快刷入掌控板试试吧！顺便想一想这个方法有什么好处？

老师，我成功啦！我觉得这样可以使程序更简洁，鼠标操作次数也更少。

2.【挑战2】让掌控板成为能自动播放音乐的掌控八音盒。

小白同学，如果我把儿歌《小星星》的曲谱给你，如图7-15所示，你能不能用我刚才教你的方法，在刚才写的程序的基础上改一改，让掌控板像八音盒一样自动把这首歌曲播放出来呢？

1=C $\frac{2}{4}$　　　　**小星星**

1 1 | 5 5 | 6 6 | 5 - | 4 4 | 3 3 |

2 2 | 1 - | 5 5 | 4 4 | 3 3 | 2 - |

5 5 | 4 4 | 3 3 | 2 - | 1 1 | 5 5 |

6 6 | 5 - | 4 4 | 3 3 | 2 2 | 1 - ‖

图 7-15 《小星星》曲谱

应该可以，我想想……老师，我发现了几个问题：谱子左上角的1=C和$\frac{2}{4}$是什么意思？每个音符的延时应该设置为多少呢？“-”符号应该设置多长的延时？音乐课上好像讲过，但我记不太清了。

小白同学，你观察得很仔细呀，思考也很周密！你已经开始有先思考再行动的意识了，很好！那就让我们先来了解一些基本乐理知识吧。

知识拓展

我们先来认识一下各种音符，我再给你一些参考时值，单位为秒（s），如图7-16所示，以便你理解它们的含义，在音乐中音符的时值是由音乐的演奏速度决定的。

音符	简谱表示方法	参考时值（以4分音符为1拍）
全音符	1 - - -	4秒（4拍）
二分音符	2 -	2秒（2拍）
四分音符	3	1秒（1拍）
八分音符	4	0.5秒（0.5拍）
十六分音符	5	0.25秒（0.25拍）
附点四分音符	3 •	1+1×0.5=1.5秒（1.5拍）
附点八分音符	4 •	0.5+0.5×0.5=0.75秒（0.75拍）
附点十六分音符	5 •	0.25+0.25×0.5=0.375秒（0.375拍）

图 7-16　音符知识

1=C表示这首歌是C调的，可以理解为用do来当1，当然也可以用re当1，也就是1=D，这样整首歌的调子就升高了。$\frac{2}{4}$表示以四分音符为一拍，每小节有2拍，每个小节就是曲谱中每两条竖线之间的部分。如果你想彻底搞懂这些乐理知识，建议你去问问音乐老师。

嗯，老师，你这么一说我基本明白了，我觉得我可以完成【挑战2】了，让我试试吧。

如果你动作慢的话建议只做前两句旋律的程序就可以了，如果你动作够快，时间也充裕的话可以一口气做完。

老师，我又遇到问题了，如果列表能从1开始计数多好，这样第1项正好对应do，第7项正好对应si，要不然我每次都得想一下第几项对应的是哪个音符，好累啊！

列表的项的计数方法我们没法改变，但是我们可以改变列表里存储的数据呀，我们在列表最开始加上一个占位置的元素，比如0，这样第0项我们不用，第1项不就正好是do了吗？如图7-17所示。

图7-17 改变第0项

我明白了！这个方法好棒啊，我试试……这下快多了，老师你听，我成功啦！如图7-18所示。

恭喜你！你的掌控八音盒已经初具雏形了！请你用这个方法继续把整个乐曲演奏完，再播放给你的同学和家长听听。如果你乐理知识比较丰富的话，可以从网络上搜索自己喜欢的歌曲，尝试挑战一下复杂的曲子。

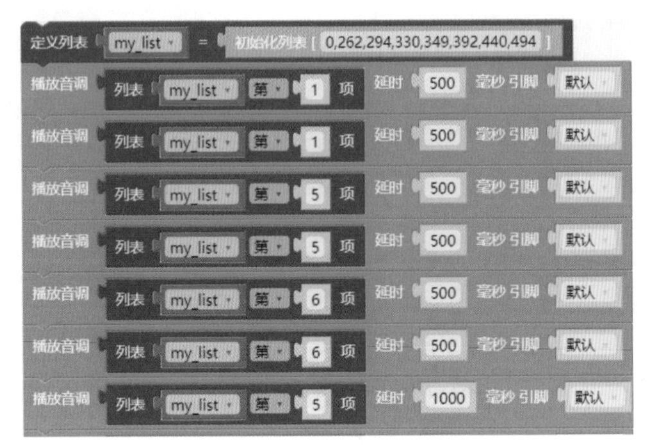

图 7-18　演奏《小星星》程序

任务2：掌控电子琴——综合应用

小白同学，你已经可以让掌控板自动演奏音乐了，可是它播放的音乐是固定的，要想演奏其他音乐就得重新编写程序，你想不想自己动手演奏音乐呢？

想啊！这样我就可以随意演奏各种音乐了！

下面我们就来试试用掌控板模拟一个电子琴，然后用它来弹奏乐曲吧！

1.【挑战 1】用不同触摸键加按键让掌控板播放不同音符。

哦，这个简单，我来试试，如图7-19所示。

老师，我刷入掌控板后发现，弹奏音符后就停不下来了，一直响，怎么办？

在你的程序中，你只告诉了掌控板什么时候开始播放，没有告诉它什么时候停止呀！老师给你点提示，掌控电子琴需要把【如果否则】变形一下，变成【如果、否则如果、否则】，【否则如果】可以加很多次，如图7-20所示。

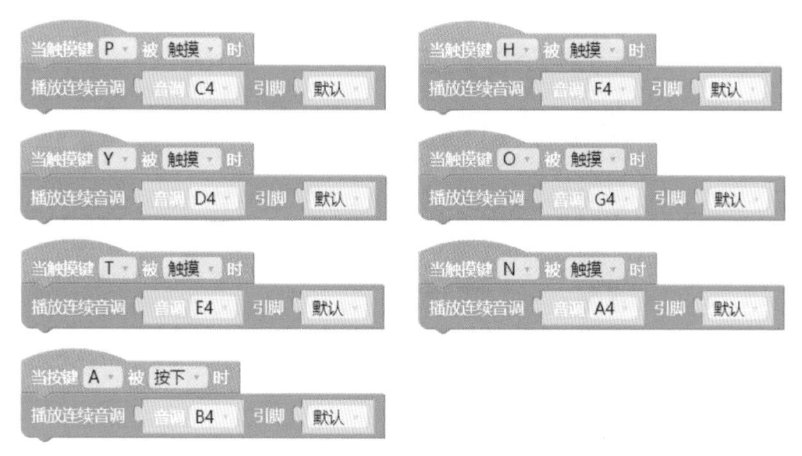

图 7-19 触摸键电子琴

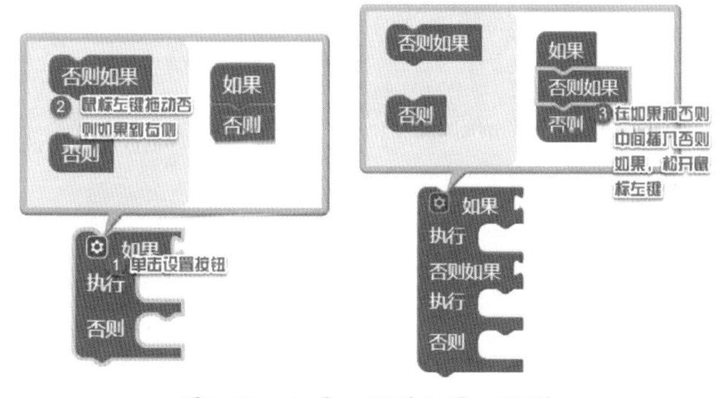

图 7-20 如果、否则如果、否则

哦，我懂了，这次肯定能成功！如图7-21所示。

很棒！你也可以用之前的“列表法”实现这个功能。下面请你用这个掌控电子琴弹奏几首歌曲试试吧！

2.【挑战2】弹奏乐谱猜歌名。

请你弹奏一下这两句乐谱，猜猜这是什么歌，如图7-22所示。

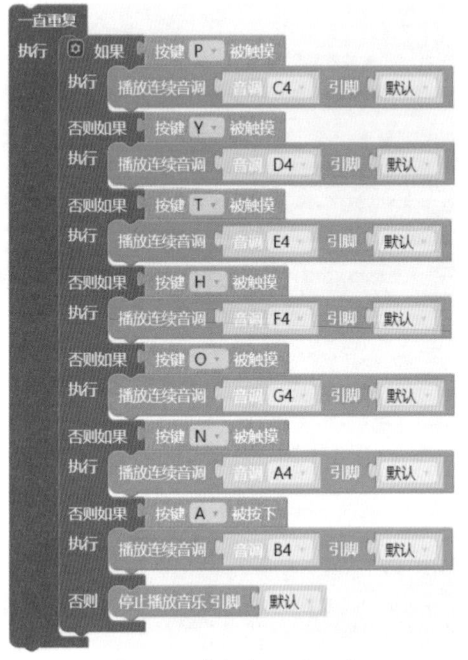

图 7-21　掌控电子琴程序

1 · 2 | 3 · 1 | 3 1 | 3 - | 2 · 3 | 4 4 3 2 | 4 - | 4 - |

3 · 4 | 5 · 3 | 5 3 | 5 - | 4 · 5 | 6 6 5 4 | 6 - | 6 - |

图 7-22　弹奏乐谱猜歌名 1

这个旋律很耳熟啊，让我想想……应该是电影《音乐之声》里的歌曲，英语老师给我们放过，歌名叫作《哆来咪》！

回答正确！下面来首复杂点的，你看看能弹奏出来吗？如图 7-23 所示。

哇，这个好复杂啊！我的触摸键不够用了怎么办？

6 7 | 1· 7 1 3 | 7 - - 3 | 6· 5 6 1 | 5 - - 3 |

4· 3 4 1· | 3 - - 1 | 7· #4 #4 7 | 7 - - 6 7 | 1· 7 1 3 |

7 - - 3 3 | 6· 5 6 1 | 5 - - 3 | 4 1 7· 1 |

2 3 1 1 - | 1 7 6 7 #5 | 6 - - 1 2 | 3· 2 3 5 |

2 - - 5 | 1· 7 1 2 3 | 3 - - - | 6 7 1 7 1 2 |

1· 5 5 - | 4 3 2 1 | 3 - - 3 | 6· 6 5· 5 |

3 2 1 1 - | 2· 1 2 5 | 3 - - 3 | 6· 6 5· 5 |

3 2 1 1 - | 2· 1 2 7 | 6 - - 0 ‖

图7-23　弹奏乐谱猜歌名2

哈哈，是的，其实很多乐谱都不止七个音符，需要用到低音和高音，甚至需要更多的音符。你的一块掌控板不够，可以和同学一起做呀，比如分别用不同的掌控板做低音区、中音区、高音区，以及对应的半音区（钢琴键盘上的黑键），这样大家的掌控板组合在一起，就可以模拟出一个音域比较宽的电子琴，能弹奏各种复杂的乐曲了！建议大家课后去试一试。

好的，这个要是做成功了，就真的是台掌控电子琴了！

拓展任务

请你利用课余时间设计制作一个掌控板音乐贺卡，开机后显示操作说明，比如按下A键送祝福，触摸P键放音乐等，引导使用者一步一步操作，为你的家人或朋友送上你的祝福和音乐吧！欢迎你把作品以图文或视频的方式上传到论坛里和大家展示、分享，遇到问题也可以在论坛里向大家求助。

知识网络

本课知识结构网络如图7-24所示。

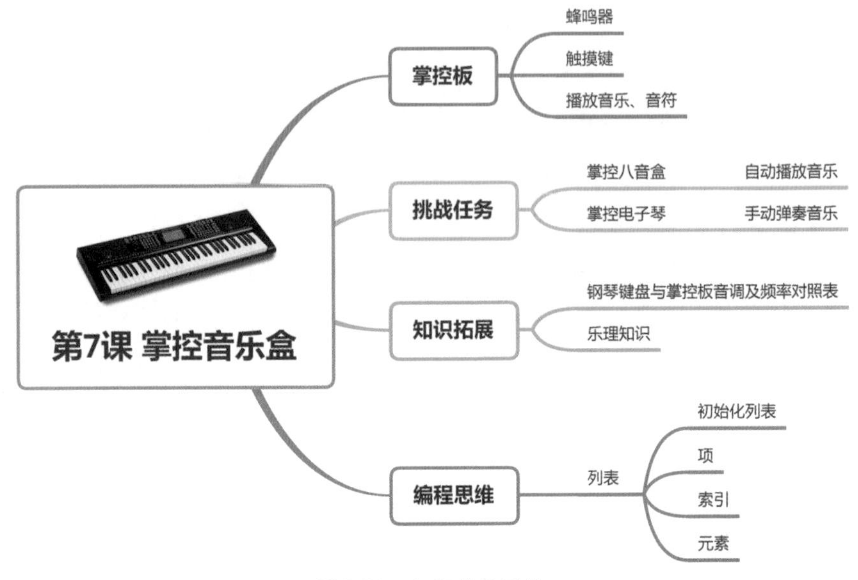

图 7-24 知识结构网络

项目手册

（1）核心积木。

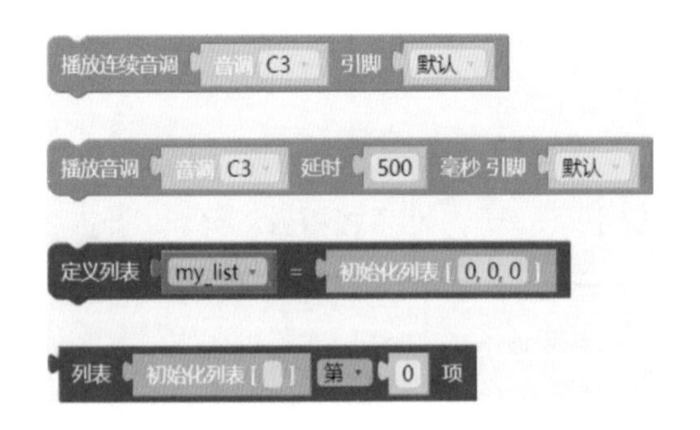

（2）声音。

声音是由______所产生的。声音的_______是由振幅决定的，而音调则是由_________决定的。由于物体的_____和_____、_____不同，从而产生不同的声音。

（3）编程播放《小星星》曲谱。

1 1 | 5 5 | 6 6 | 5 - | 4 4 | 3 3 |

2 2 | 1 - | 5 5 | 4 4 | 3 3 | 2 - |

5 5 | 4 4 | 3 3 | 2 - | 1 1 | 5 5 |

6 6 | 5 - | 4 4 | 3 3 | 2 2 | 1 - ‖

（4）音阶与频率。

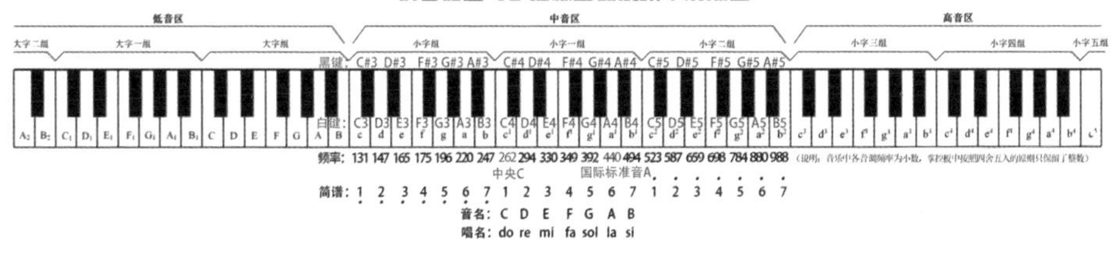

（5）列表。

请填写图中列表各部分的名称。

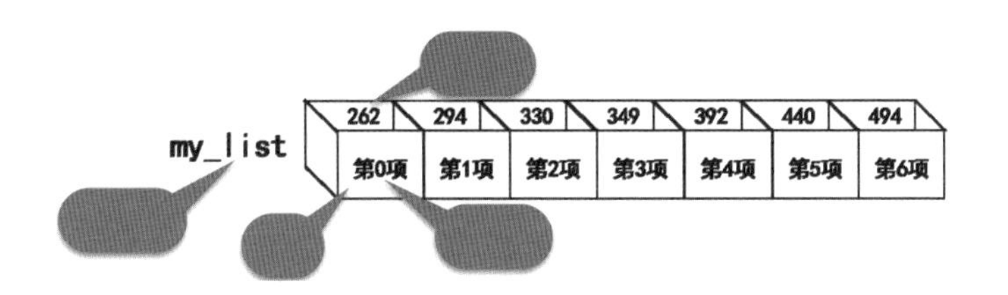

第8课

声光控灯

项目背景

夜晚在公共场所，如学校、餐厅、宾馆等，楼道里的灯通常是如何控制的？灯是怎么知道有没有声音的？它又是怎么知道白天黑夜的？其实秘密都在开关里，如图8-1所示，学完本课你就清楚它背后的原理了。

图8-1　声光控延时开关

声光控灯几乎每天都会用到，不过我还真没想过这些问题呢！

本课我们就来制作一个声光控灯，弄清楚它运行的原理。

任务1：声控灯与光控灯——声音和光线传感器

1.【挑战1】声控灯。

老师，我记得你之前讲过，掌控板上有麦克风和光线传感器，如图8-2所示，这次终于可以用到了！

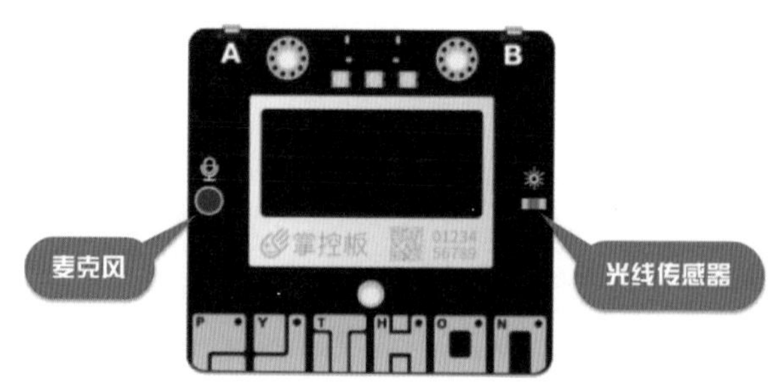

图8-2　麦克风与光线传感器

你记得很对！你知道怎么让掌控板读取麦克风的声音值吗？

我只知道要用麦克风，但是不知道怎么在程序里获取麦克风的声音值。

给你点线索吧，请在【输入】积木库中仔细找找和声音有关的积木吧。

哇，我找到了，声音值和光线值都有，如图8-3所示。

还记得我们之前讲的“显示三件套”吧？请你试试用“显示三件套”在屏幕上显示出声音值。

图8-3　声音值与光线值

嗯，我记得，我试试，老师我遇到问题了：这个【声音值】积木为什么放不到【OLED第1行显示】中呢？它们的形状是一样的啊？如图8-4所示。

图8-4　显示声音值1

哦，这是因为它们的数据类型不同，下面我就给你讲讲常见的几种数据类型吧！

啊？什么是数据类型呢？我还是第一次听说这个名词！

在计算机中处理数据时，会把数据分成不同的种类，比如字符、整数、小数等，这些在我们看来都是文字，但是对计算机来说，它们分别属于不同的数据类型，不能随便混在一起使用。在mPython中常见的数据类型如图8-5所示。

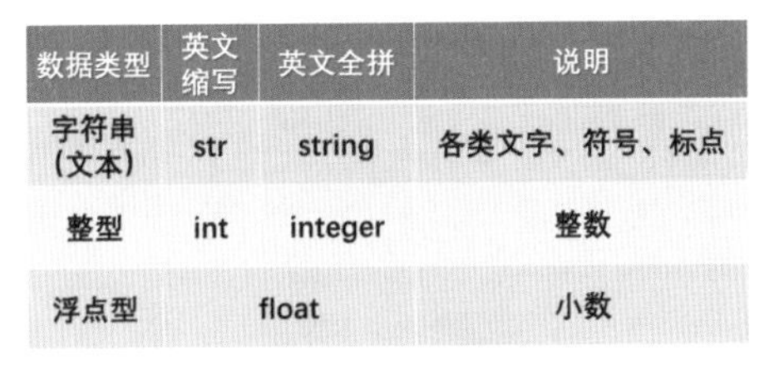

数据类型	英文缩写	英文全拼	说明
字符串（文本）	str	string	各类文字、符号、标点
整型	int	integer	整数
浮点型	float		小数

图8-5　数据类型

【声音值】是整型，【显示】积木中显示的内容带双引号（“ ”），双引号中的内容在mPython中表示字符串，所以要想把它们拼装在一起，就要先把【声音值】转化为文本，如图8-6所示。

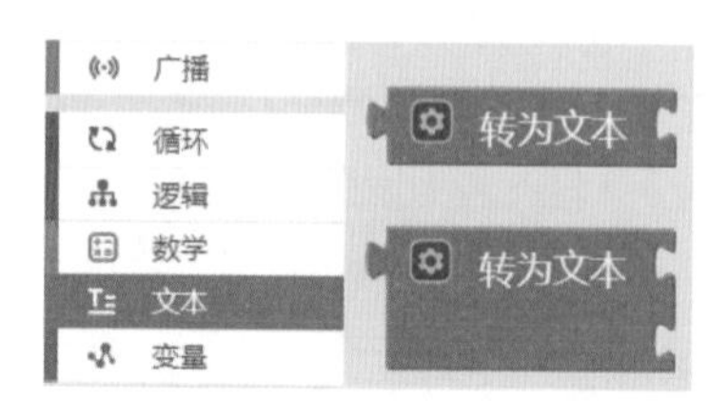

图 8-6　转为文本

哦，原来如此，这下我会了！老师，你看是这样吧？如图8-7所示。

图 8-7　显示声音值2

嗯，不错，这样是可以在屏幕上显示声音值了，可是如果这是一款产品，作为普通用户的消费者，他们知道这个值是什么意思吗？

恐怕他们还真不知道这是啥意思。

所以我们作为设计师、工程师，就要时刻站在用户的角度去考虑问题，这样才能做出好产品，这种“以人为本”的设计理念，今后要不断深刻理解，也要时时刻刻提醒自己！

我来给你讲讲如何在这个数字前面添加说明文字吧，如图8-8所示。

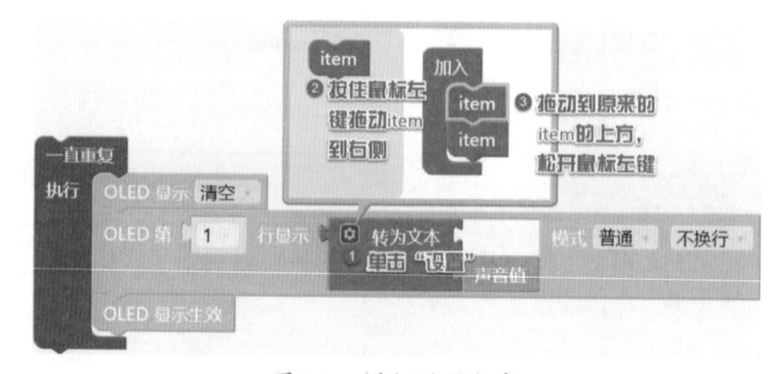

图 8-8　增加说明文字

然后再单击一次“设置”按钮，退出设置item状态，在【文本】积木库中找到【“ ”】积木，如图8-9所示，这样就可以在里面输入说明文字了！

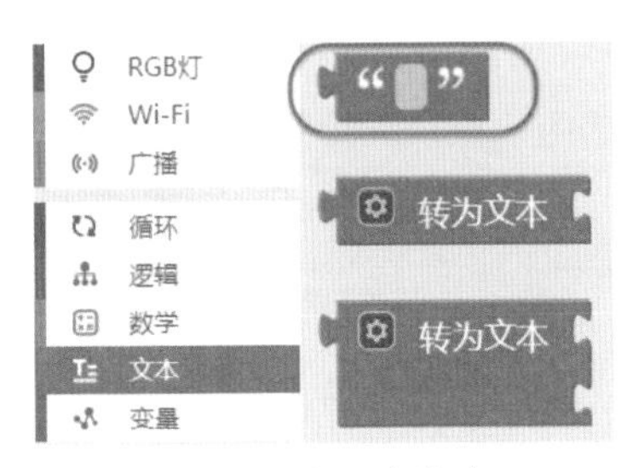

图8-9 输入字符串

哦，明白了！老师你看，这下普通用户也能看懂了！如图8-10所示。

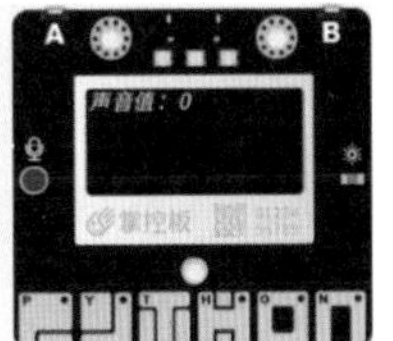

图8-10 显示声音值3

很棒！请你刷入掌控板，制造点声音，测试一下声音值的变化范围是多大？小心别吓着别人！

老师，我试了一下，声音值的范围应该是0~4095。

嗯，很好！显示出了声音值，你应该可以完成声控灯这个挑战了吧！

不过在做之前请你先思考两个问题：（1）声音值达到多少的时候开灯？（2）用【如果】还是【如果否则】？为什么？

我觉得声音值太大了掌控板会反应很迟钝，还会吵到别人；太小了掌控板会反应很灵敏，但是可能会很频繁地开灯，浪费电。所以经过测试，我觉得800左右就可以了，不太大也不太小。我觉得应该用【如果否则】，因为只有【如果】的话，灯就一直开着关不了了，所以要用【否则】来关灯。

小白同学，你真棒！逻辑严谨、考虑周全、思路清晰，就按照你的思路试试吧！注意：这样的比较运算符在【逻辑】积木库中就可以找到，单击“=”号，还可以找到≠、<、≤，>、≥、如图8-11所示，你自己试试吧！

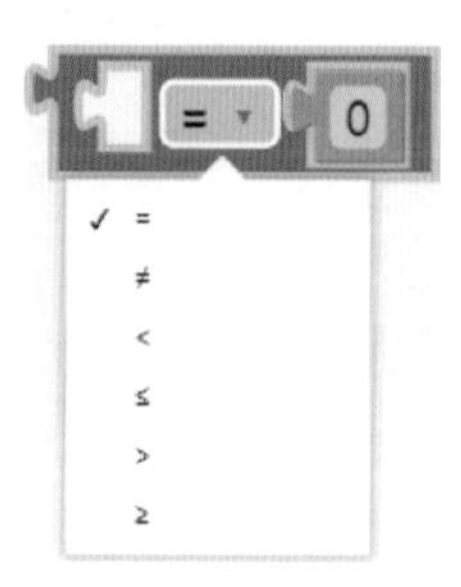

图 8-11　比较运算符

嘿嘿，谢谢老师夸奖！
老师你看，我成功啦！如图8-12所示。

一直重复
执行 OLED 显示 清空
OLED 第 1 行显示 转为文本 “声音值:” 声音值 模式 普通 不换行
OLED 显示生效
如果 声音值 ≥ 800
执行 设置 所有 RGB 灯颜色为
否则 关闭 所有 RGB 灯

图 8-12　声控灯程序 1

老师，又有新的问题了：灯每次亮一下就灭了，除非一直发出≥800的声音，这样用户使用起来就太麻烦了。

已经开始为用户考虑问题了，不错！怎样让灯多亮一会儿呢？

哦，加个【等待几秒】就好了，可是到底应该亮多久才好呢？

具体亮多久应该考虑用户使用的环境，比如是在楼道里使用，你就要去使用场景测算一下你控制的灯能照亮的范围，还有不同年龄的人以不同速度走过这个范围需要多长时间。你觉得应该以走路快的人为准，还是以走路慢的人为准呢？

我觉得对走路快的人来说灯多亮一会儿也无所谓，但是为了照顾行动最慢的人，比如老人，避免他们多次开灯，保证他们有充足的时间顺利通过，应该以最慢的人通过的时间为准！

嗯，小白同学真是个有爱心的设计师！“以人为本”的设计意识慢慢有了，这样很好！咱们为了方便测试，设置3~5秒就可以了。

好的，老师，这次终于对了！如图8-13所示。

```
一直重复
执行 OLED 显示 清空
     OLED 第 1 行显示 转为文本 “声音值:” 声音值 模式 普通 不换行
     OLED 显示生效
     如果 声音值 ≥ 800
     执行 设置 所有 RGB 灯颜色为
          等待 5 秒
     否则 关闭 所有 RGB 灯
```

图 8-13　声控灯程序2

小白同学，请你再考虑几个问题：只有声控的开关可以吗？会不会带来什么新问题？如何才能让灯白天不亮，晚上亮？

嗯，白天有声音灯也会亮，浪费电！应该用光线传感器了，它的用法好像和【声音值】一样！

2.【挑战2】光控灯。

小白同学，我们可以在刚才声控灯的基础上继续做光控灯，建议你用之前介绍的方法在屏幕第3行显示出光敏传感器的说明文字和数值，可以用手电筒照一照光线传感器，测试一下，并读出光线值的范围。

我刚测试了一下，它的范围和声音值一样，都是0~4095。老师，我还发现一个问题：光线传感器没有麦克风那么灵敏，稍微暗一点它就变成0了，我感觉它对强光敏感，对弱光不敏感。

的确如此！你很细心啊，善于观察，很棒！请再测试并思考一下：你觉得光线低于多少时开灯比较合适?

根据测试结果来看，我觉得光线值低于60就可以开灯了。

好的，那就按你的想法把程序写出来测试一下吧！

老师，我做好了，测试了一下，可以实现光控灯了，如图8-14所示。不过声控和光控好像没什么联系，声音高于800或光线低于60，灯都会亮，不好用呀，还是没有实现声光控灯，怎么办?

先别急，我先问你个问题，只能光控的灯在日常生活中有实际用途吗?

嗯……有用呢！马路上的路灯就应该设计成光控灯，它不需要声音，只需要白天不亮晚上亮就可以了！

你说得很对！所以声控灯、光控灯、声光控灯没有谁好谁坏，要看它使用的场景、环境和人们的需求，这也是设计师和工程师要考虑的一个重要因素！

图 8-14 光控灯程序

任务2：声光控灯——逻辑运算

在实现声光控灯之前，老师作为用户，有个小需求，需要你来解决一下：声音值和光线值都是数字，看起来不够直观、醒目，要是能用条形图表示就直观多了！你能做到吗？

嗯，这个需求挺好的，可是我不会呀！

给你介绍一个新积木——【进度条】，有了它你就能在屏幕上绘制出条形图了，如图8-15所示。

图 8-15 【进度条】积木

老师，进度条里的这些值都是什么意思啊?

你自己试试好吗? 边修改这些值边测试，一次只修改一个值，很快你就明白了!

好的，我试出来了，x、y和文字一样是进度条左上角的坐标，因为进度条是横着的，所以这里的宽其实是它横向的长度，高是它纵向的宽度，进度就是它表示的数据的大小。

你总结得很准确! 以后再遇到类似的积木，自己试试就会了! 你想一下，在咱们要实现的效果中，进度条的进度应该是固定的还是变化的? 应该填写什么值呢?

哦，我懂了，是变化的，应该把声音值或光线值填进去!

很好，现在请你在屏幕第2行和第3行分别显示声音值和光线值的进度条吧!

好的，老师，你看我做出来了，如图8-16所示，可是我又遇到新问题了：稍微有点声音或光线稍微强一点，进度条就超出屏幕了，这是为什么呢?

这是因为进度条是按百分比计算的，所以进度的取值范围是0~100，而声音值和光线值的取值范围是0~4095，比0~100大太多了，所以只要它们的值大于100，就超出了进度条的范围。这里需要用到一个能改变数值范围的全新的积木——【映射】，如图8-17所示。

哇，还有这么强大的积木呢! 老师，到底什么是映射呢? 我都不知道该怎么去测试，有点无从下手。

这个是有点不好理解，下面我就给你讲一讲【映射】的用法。

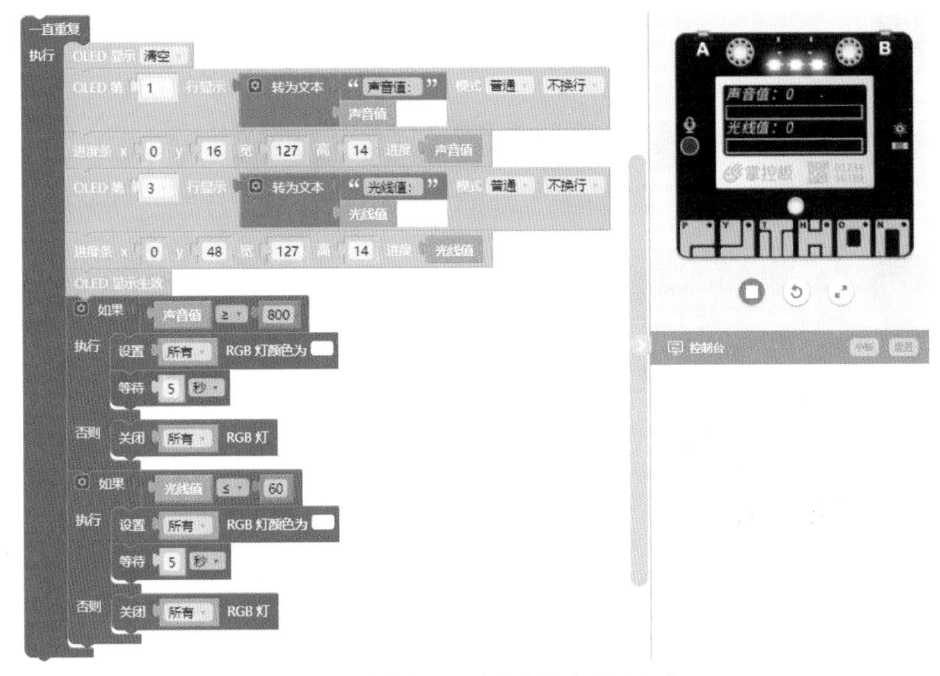

图 8-16 进度条显示声音值和光线值程序1

图 8-17 【映射】积木

知识拓展

【映射】的作用就是将一个数据范围对应到另一个数据范围，可以将原数据缩小、放大，甚至颠倒，它的用法如图8-18所示。

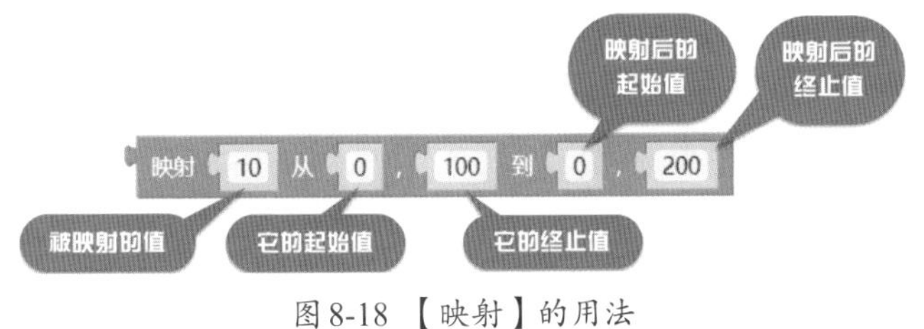

图 8-18 【映射】的用法

我用声音值给你举个例子，如图8-19所示。

映射 声音值 从 0 , 4095 到 0 , 100

图 8-19 【映射】声音值

哇，这下我明白了！我现在就改一改，老师你看，我成功啦！如图8-20所示，而且我还偶然间发现，单击模拟器中的麦克风或光线传感器时，会弹出两个条，拖动滑块或修改数字可以改变它们的数值，单击数字下方的方块还可以模拟出随机数，这个模拟器太厉害了！

小白同学，你太棒了！还发现了新功能！别忘了刷入掌控板试试。

老师，进度条我试成功了，可是之前想要实现晚上并且有声音时才开灯的问题还没解决呢！

好，下面我们就来彻底解决这个问题！

小白同学，要实现声光控灯，你觉得应该先判断白天黑夜还是先判断有没有声音呢？

嗯，我觉得好像都可以，感觉先判断白天黑夜更合理一些。

其实我们可以让掌控板同时判断两个条件。

【如果】后面不是只能连接一个条件吗？怎样同时判断两个条件呢？

这里要用到【逻辑】积木库中的【和】积木了，如图8-21所示。

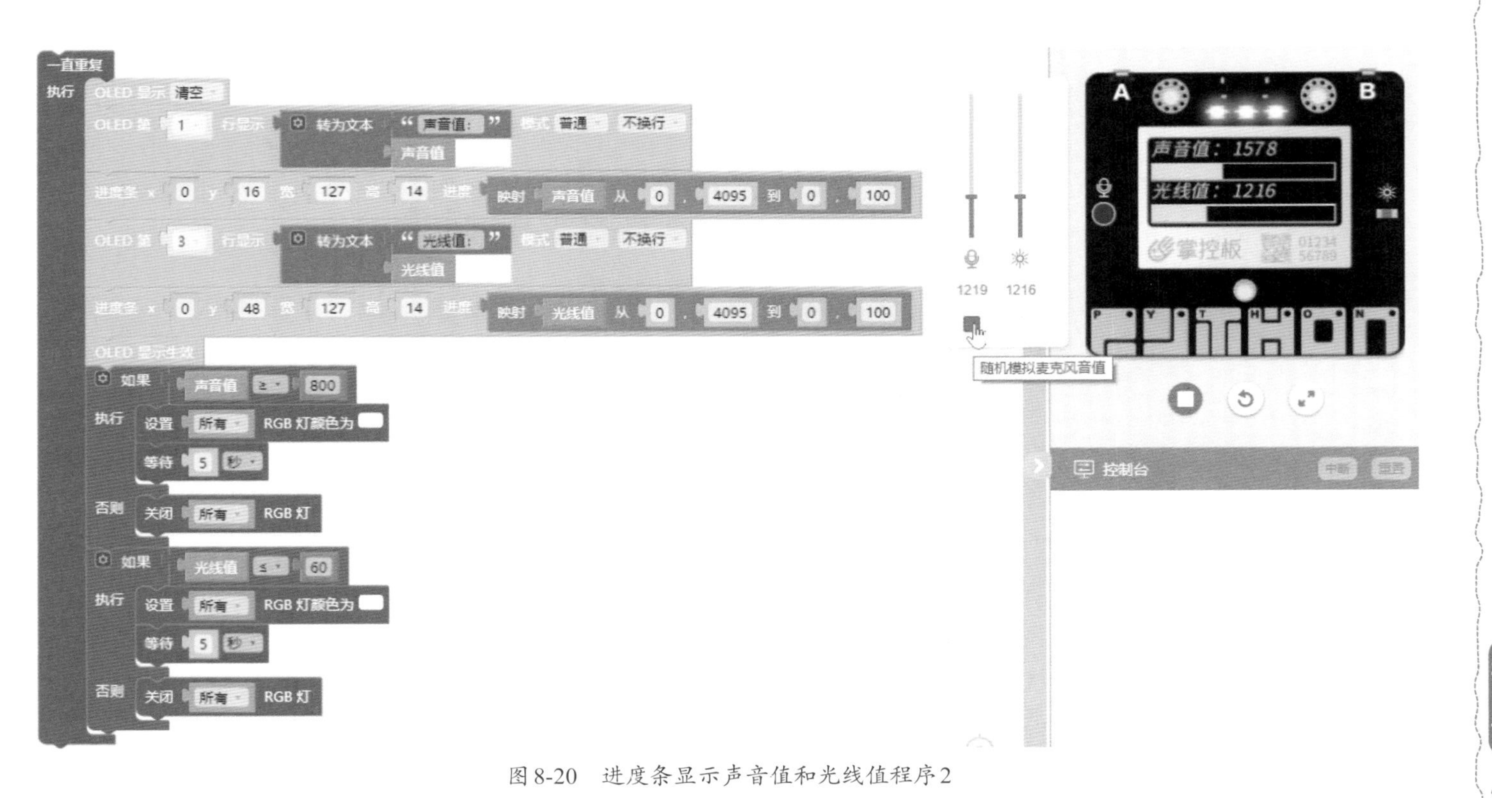

图8-20 进度条显示声音值和光线值程序2

图 8-21 【和】积木

我懂了，用【和】积木就可以把两个条件合在一起了，老师，你看我成功了，而且这样程序还变短了！如图8-22所示。

图 8-22　声光控灯程序

恭喜你，成功实现了声光控灯！在这里老师还想趁热打铁，再给你拓展一些有关逻辑运算的知识。

逻辑运算？什么意思？

你先用鼠标左键单击“和”，看看里面还藏着什么功能？

里面还有个“或”，如图8-23所示。

图 8-23　或

在计算机中，我们把这种含有“和”与“或”的运算叫作逻辑运算，也称为布尔运算。假设有条件A、条件B两个条件，我们用“和”或“或”将它们连接以后，逻辑运算后的结果是不同的，例如，晚上“和”有声音与晚上“或”有声音，它们表达的意思是完全不同的，你还能举个类似的例子吗?

嗯，例如，天亮了“和”闹铃响了就起床，如果改成天亮了“或”闹铃响了就起床，意思就变了。

你举的例子很好，说明你理解了！下面我用一个表格来表示条件A、B的各种情况，我们用数字1或True（可缩写为T）表示条件成立（真），用0或False（可缩写为F）表示条件不成立（假），这个表叫作逻辑运算真值表，如图8-24所示。

逻辑运算	条件A	条件B	逻辑运算结果
和 （and，也称为且、与）	1	1	1
	1	0	0
	0	1	0
	0	0	0
或 （or）	1	1	1
	1	0	1
	0	1	1
	0	0	0

图 8-24　逻辑运算真值表

我懂了，“和”必须两个条件都成立，“或”有一个条件成立就可以了。

你总结得很到位！逻辑运算在编程中会经常用到，你可以试着多举些例子，做到熟练掌握。

拓展任务

请你利用课余时间思考几个问题：如何实现外界光线越强，LED亮度越低；光线越弱，LED亮度越高？声音、光线传感器还有什么用途？你有什么好的创意或想法吗？欢迎你把作品或想法以图文或视频的方式上传到论坛里和大家展示、分享，遇到问题也可以在论坛里向大家求助。

知识网络

本课知识结构网络如图8-25所示。

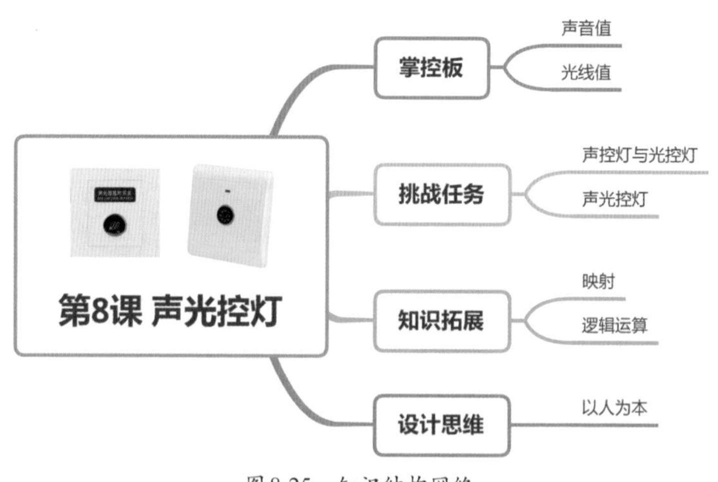

图8-25 知识结构网络

（1）核心积木。

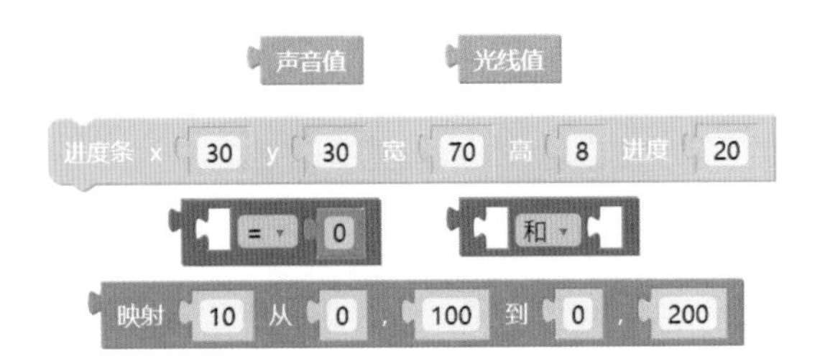

（2）数据类型。

数据类型	英文缩写	英文全拼	说明
字符串（文本）			
整型			
浮点型			

（3）映射。

麦克风和光线传感器的取值范围是_____~_____，而进度条的范围是_____~________，为了能更好地显示和便于观察，我们需要将声音或光线传感器的值进行______。

【映射】积木的作用就是将____________对应到____________，可以将原数据________、________或________。

（4）逻辑运算。

逻辑运算	条件A	条件B	逻辑运算结果
和（and，也称为且、与）			
或（or）			

第9课

声音可视化

项目背景

我们在使用Windows操作系统自带的Media Player播放音乐时，经常会见到一种随音乐跳动的可视化效果，如图9-1所示。本课我们就来尝试用掌控板模拟这种效果，让声音“看得见”。

图9-1　音乐可视化效果

老师，这样的竖线是怎么画的？它们又是怎样随音乐跳动起来的呢？

我们一起完成“任务1”你就明白了！

任务1：音乐可视化效果器——利用for循环绘制线条

1.【挑战1】绘制线条。

小白同学，我给你介绍几个新积木，如图9-2所示。请你结合上一课讲过的进度条，自己尝试使用一下它们，并总结出它们的用法。

图9-2　绘制线条

好的，我试试，【柱状条】和上节课用过的【进度条】是一样的用法，只不过它是竖着的，而【进度条】是横着的。x和y表示柱状条左上角的坐标，如图9-3所示。

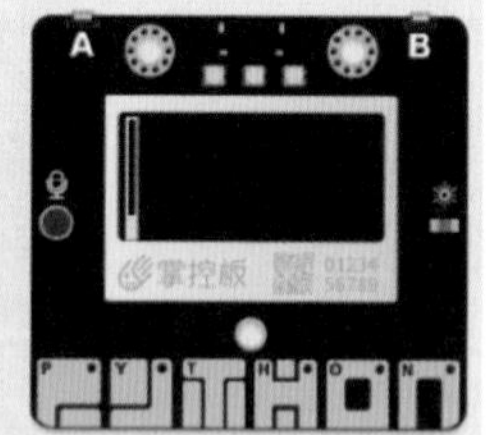

图9-3　绘制柱状条

【绘制垂直线】中的x、y是垂线起点的坐标，但是这样绘制出的垂线只能从上往下画，不能从下往上画，如图9-4所示。

【绘制线】中的$x1$、$y1$是线的起点坐标，$x2$、$y2$是线的终点坐标，这样就可以绘制出音乐可视化效果里从下往上画的竖线了，如图9-5所示。

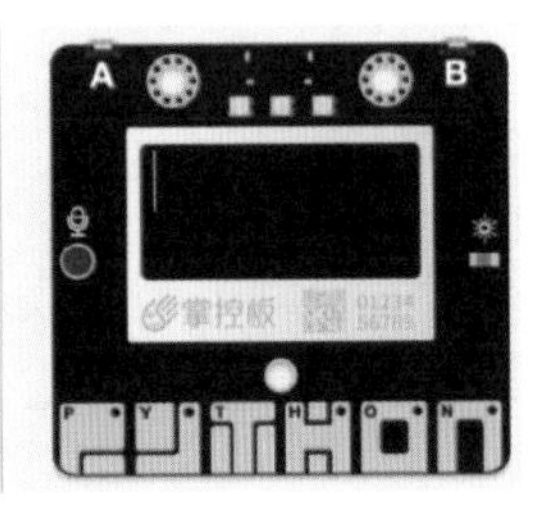

图 9-4　绘制垂直线

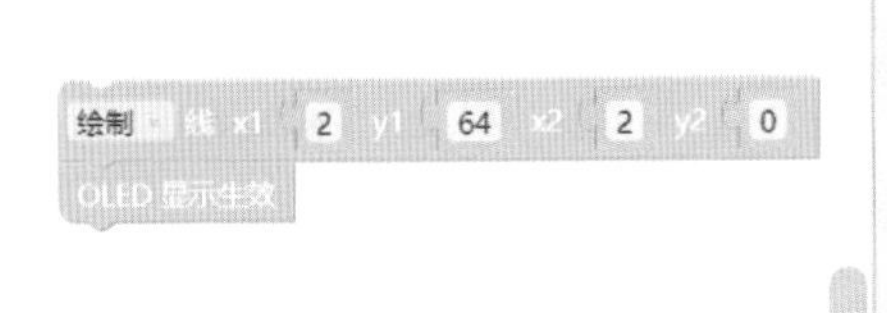

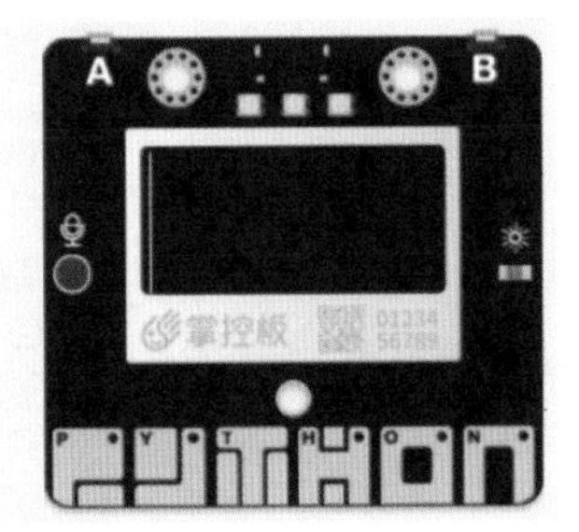

图 9-5　绘制竖线

真棒！它们的用法你自己都测试出来了！你觉得哪种线条更适合做音乐可视化效果呢？为什么？

我觉得还是竖线最好控制，用它可以做出向上增长的线，可是怎样绘制那么多条竖线呢？如果用我这个方法一条一条绘制实在是太麻烦了！

2.【挑战2】实现音乐可视化效果。

要解决这个问题，先来思考这几个问题：还记得我们之前学过的for循环吗？想一想变量*i*的范围应该如何设置？应该将*x*坐标还是*y*坐标设为*i*？应该将*i*设置给起点还是终点，抑或是都要设置？试一试步长设为多少比较好？

哦，对呀，用for循环就不用一条一条画了！我觉得要想让线条左右分布，应该把*i*设到*x*坐标上，每条线的起点和终点的*x*坐标值是一样的，*i*的范围应该覆盖整个屏幕，所以是0~127，步长应该就是每条线之间的间隔，我先设为2试试。老师你看，如图9-6所示，为什么是一条线从左往右跑的效果呢？

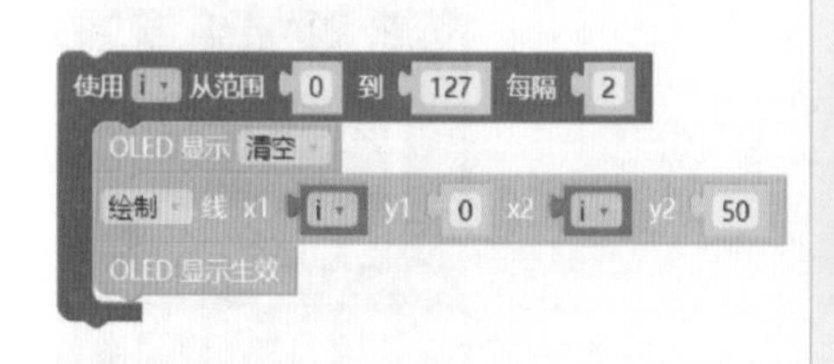

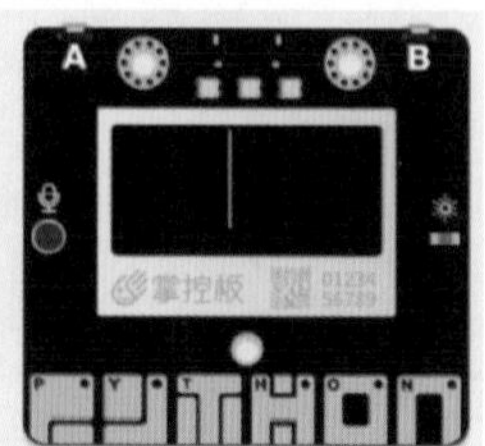

图 9-6　for 循环绘制竖线程序 1

这是因为你把【OLED显示清空】放到了for循环内，这样每运行一次for循环，都会先把屏幕清空，再绘制下一条线，所以就是你看到的效果了。应该让它从左到右把所有的线都画完再清空屏幕，而且这个程序应该不断重复，不能只运行一次for循环就结束了。

还有线的长度是由声音的大小决定的，而声音值的范围和线的长度不一样，该如何处理呢？请你利用上一课学过的知识解决这个问题。

哦，我明白了，要用到【映射】。老师你看，为什么仿真模拟器可以运行，如图9-7所示，但是刷入掌控板就报错了，如图9-8所示？而且我画出来的线是从上往下画的，该如何调整？

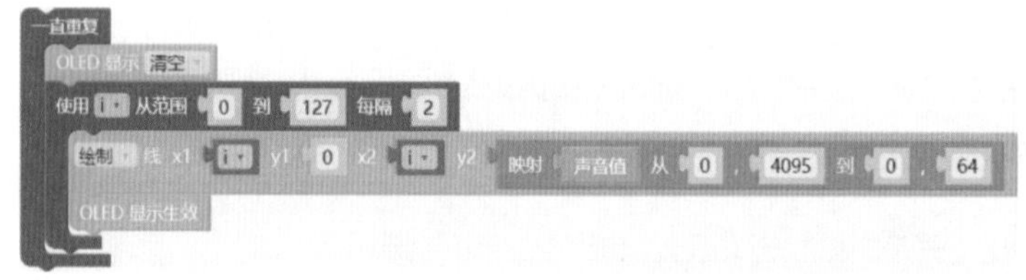

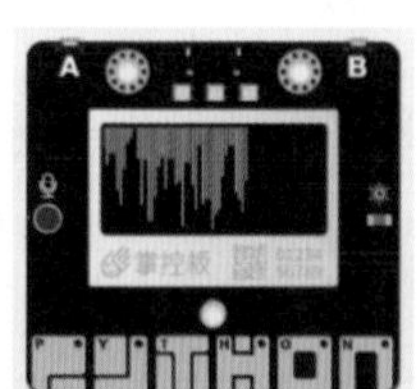

图 9-7　for 循环绘制竖线程序 2

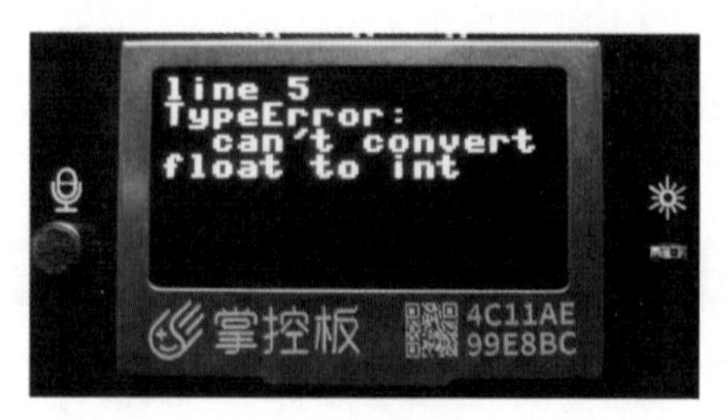

图 9-8　报错

TypeError是类型错误的意思，也就是数据类型错误，“can't convert float to int”的意思是：“不能转换浮点型为整型”，这是因为【映射】处理后的数据会自动转化为浮点型（float），而线条的长度，也就是坐标是只能用整型（int）数据的，因为我们之前讲过掌控板的屏幕是由一个个像素点组成的，它是无法显示类似20.21这样的小数个像素的。这是一种比较常见的错误，今后你要学会看掌控板上显示的各种错误信息，并根据错误信息修改程序中的错误。

还有个问题，你的线是从上往下画的，是因为你画的线的起点和终点坐标设置得不对，映射后的数值也不对。竖线的起点应该在屏幕下方，终点在屏幕上方，你想想$y1$和$y2$应该怎么设置。对于映射后的声音值，声音为0时，线最短，最靠近屏幕下方；声音为4095时，线最长，最靠近屏幕上方，你想想应该如何设置。

哦，这下我明白哪里错了，老师你看，这次我成功了！如图9-9所示。

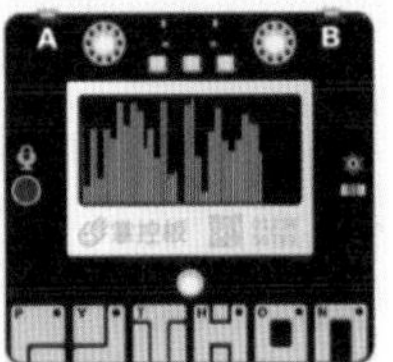

图9-9　for循环绘制竖线程序3

老师，我总觉得不太对劲，这些竖线是从左往右依次绘制的，不像计算机上的是同时在动，这是为什么呢?

你观察得很仔细，很多同学都不会注意到这一点。这是因为for循环虽然运行得很快，但是也需要花一点时间去运行，每运行一次只能绘制一条竖线，所以要想让所有竖线同时变化，就不能用for循环了，只能用很多积木一条一条绘制，然后再用同一个【显示生效】让它们显示出来，这样就可以一起动了。线的间隔可以大一些，建议调成10或20，你试试吧！

嗯，我明白了，可是老师，为什么我画的线都一样长呢？如图9-10所示。

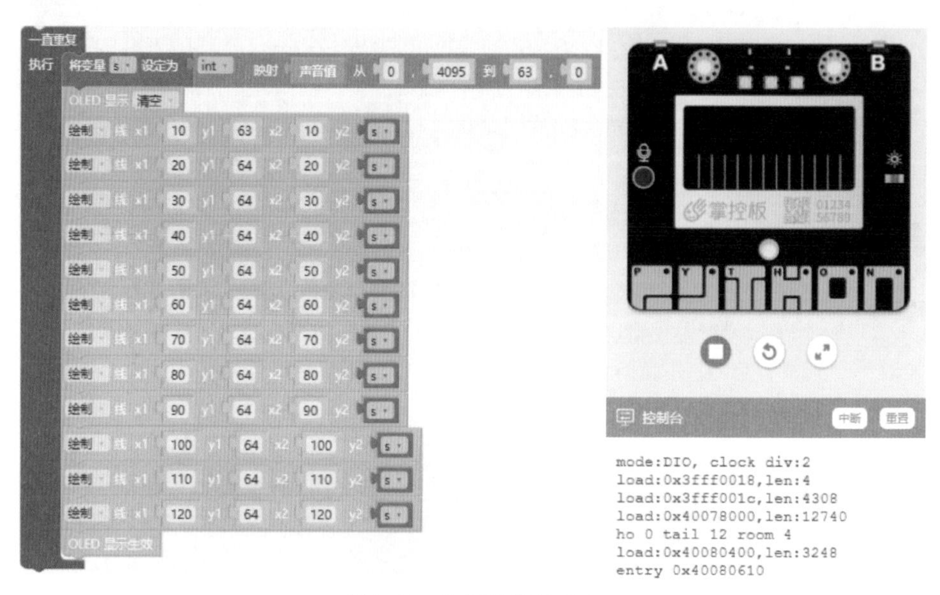

图9-10 绘制竖线程序1

嗯，你很会活学活用嘛，会用变量存放声音值，但恰好问题也出在这里！因为你把映射后的声音值存放在变量s中，所以循环每运行一次，变量s中都存放着相同的声音值，也就是每条线的$y2$坐标值都是相同的，所以所有的线都一样长。而每个时刻的声音值是不同的，因此在这个程序中不应该用变量，只能逐一把映射后的值作为每条线的$y2$坐标，你再试试吧！

哦，我懂了，这次对了，好酷啊，老师你看，如图9-11所示。

真棒！由于声音值时刻在变化，而程序逐行运行需要时间，所以这样做得到的每个$y2$值都不一样，每条线的长度就各不相同。这个方法虽然麻烦，但是最接近计算机上的音乐可视化效果，其实你之前用for循环做出的效果也不错，具体那种效果更好，就看实际用途和个人喜好了。

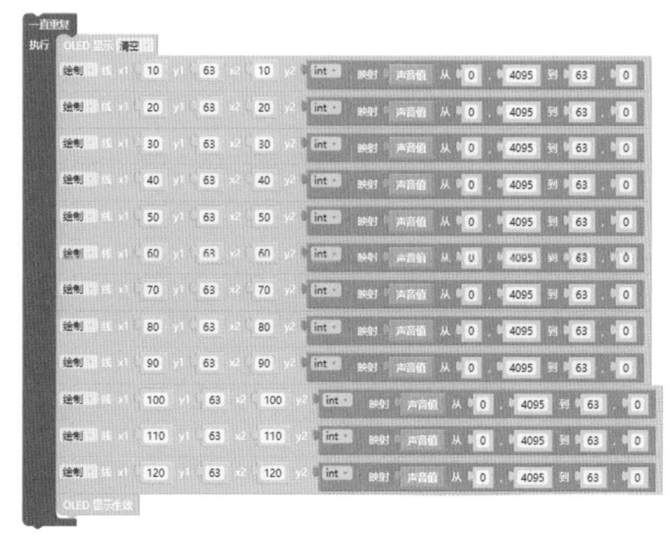

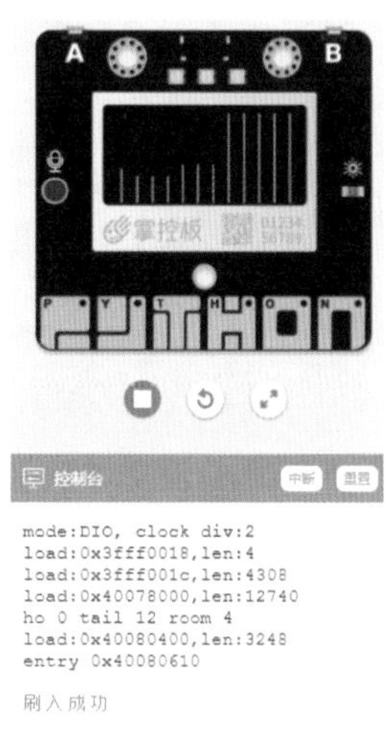

图9-11　绘制竖线程序2

任务2：噪声监测仪——分支结构

小白同学，你知道噪声会对人产生什么危害吗？

我觉得会影响听力，会让人烦躁，还有什么别的危害吗？

下面我就来给你科普一下有关噪声的一些知识，然后我们利用掌控板设计制作一个能够监测噪声大小并能提醒用户的装置——噪声监测仪。

知识拓展

首先我们要清楚什么是噪声，以及怎样表示噪声的大小。

从生理学观点来看，凡是干扰人们休息、学习和工作，以及对人们所要听的声音产生干扰的声音，即不需要的声音，统称为噪声。

物理学上，噪声指一切不规则的信号（不一定是声音），比如电磁噪声、热噪声、无线电传输时的噪声、激光器噪声、光纤通信噪声、照相机拍摄图片时画面的噪声等。

我们通常所说的噪声是指一类引起人烦躁或音量过强而危害人体健康的声音。

当噪声对人及周围环境造成不良影响时，就形成噪声污染。

噪声不仅会影响听力，还对人的心血管系统、神经系统、内分泌系统产生不利影响，所以有人称噪声为“致人死命的慢性毒药”。

声音的强度通常使用分贝（dB）来表示，分贝（decibel）是度量两个相同单位之数量比例的计量单位。

噪声分贝自测表见表9-1。

表9-1　噪声分贝自测表

声压级范围	主观感觉
0分贝	刚能听到的声音
15分贝以下	感觉安静
30分贝	耳语的音量大小
40分贝	冰箱的嗡嗡声
60分贝	正常交谈的声音
70分贝	相当于走在闹市区
85分贝	汽车穿梭的马路上
95分贝	摩托车启动声音
100分贝	装修电钻的声音
110分贝	卡拉OK、大声播放MP3的声音
120分贝	飞机起飞时的声音
150分贝	燃放烟花爆竹的声音

哇，原来噪声背后还有这么多知识呢。

了解了噪声的相关知识后，试着用掌控板来测量并表示噪声的大小吧。

1.【挑战1】用RGB灯表示噪声的大小。

小白同学，我来问你一个问题，如果用RGB灯来表示噪声大小有几种方式？

我觉得可以用颜色表示，比如绿色是安静，黄色是有点吵，红色是很吵，也可以用灯的数量来表示，比如1个灯亮表示安静，2个灯亮表示有点吵，3个灯亮表示很吵。

想法很棒！请你选定一种方式，然后尝试写出它对应的程序，同时为了便于我们观察声音值，请你结合之前学的知识，在屏幕第一行显示声音值，第二行用进度条表示出声音值的大小。

好的，那我就试试第一种吧……
老师，我发现一个问题，刚才你讲了声音的大小用分贝（dB）表示，前面的表格中显示的噪声范围为0~150分贝，可是掌控板的声音值是0~4095，肯定不是分贝值，它们两者之间该如何对应起来呢？

这个问题问得非常好！科学合理的做法应该是，准备一个掌控板和一个分贝仪，然后发出不同大小的声音，再把掌控板和分贝仪上测得的声音值分别记录下来，形成一个对照表。如果进行专业分析，甚至有可能找到它们之间对应的数学关系，但是这样做要求太高了，我们恐怕做不到。我建议你可以尝试使用【映射】来解决这个问题。

哦，我明白了！老师，我是这样做的，总觉得有些不对劲，仿真模拟器中会闪烁不同颜色，但是刷入掌控板后，无论声音大小一直都是红灯亮，这是为什么呢？如图9-12所示。

你前半部分做得没问题，问题就出在了这几个【如果】上，你想一下，假设声音是30dB，符合哪个条件？该亮什么颜色的灯？

噢，我懂了，30既小于40，又小于85，也小于150，这3个条件都符合，而程序运行得很快，其他颜色一闪而过，红灯是最后一条指令，所以我们看到的就是红灯在闪，那我应该怎么修改呢？

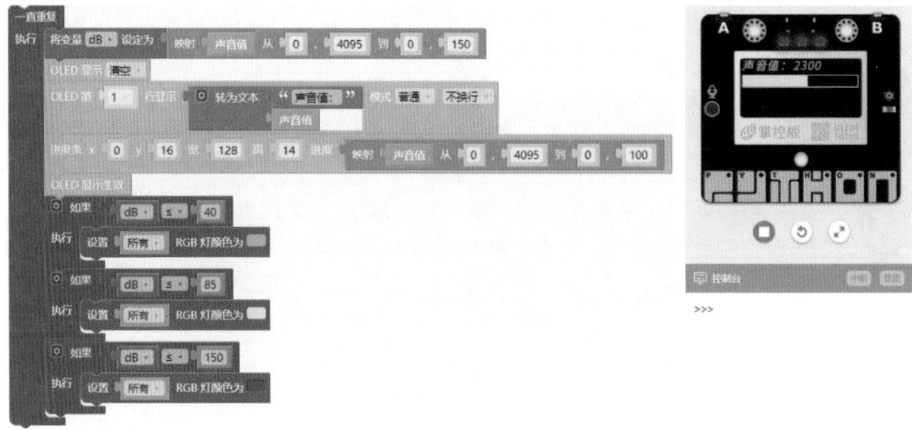

图 9-12　噪声监测仪程序 1

你分析得很棒！请你想一想，我们能不能把数据分成段？用我们之前学过的逻辑运算和比较运算能不能解决这个问题？我建议你将声音值和分贝值都显示在屏幕上，以便观察。

好的，我试试，老师，这次成功了！如图9-13所示。

很棒！不过老师还有一种方法，还记得我们在第7课的“任务2”中学过的【如果、否则如果、否则】吗？

记得！当时我们用它实现了按不同按键发出不同音调的声音，可是这里要进行数据比较，具体该如何使用呢？

嗯，你想想我要是把你用的3个【如果】改成如图9-14所示的那样，你觉得能不能实现和你一样的效果？

哇，这样程序简洁了许多！我试了一下，真的可以呢！老师，为什么在【否则如果】中就不用写>40了呢？

这是因为【否则如果】中的条件其实是上一个【如果】中的【否则】，所以会将上一个【如果】中的条件排除在外，这样一来，≤40的数据就被排除了。我给你画个程序流程图，你就更容易看懂了。

图9-13 噪声监测仪程序2

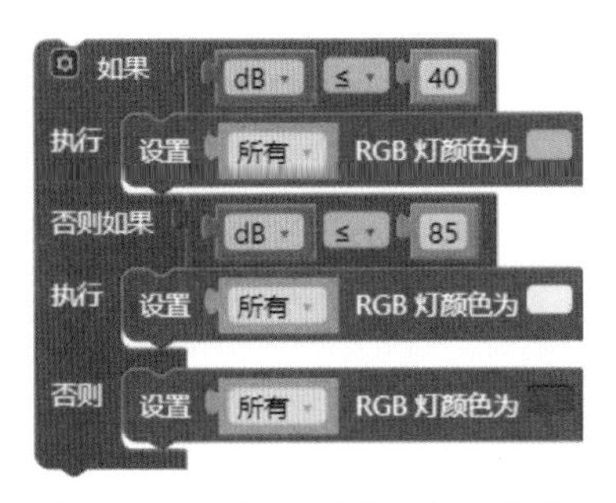

图9-14 如果、否则如果、否则

老师，什么是流程图啊?

我先来给你讲讲什么是程序流程图及流程图中各种常见符号的含义吧，如图9-15所示。

程序流程图又称程序框图，是用统一规定的标准符号描述程序运行具体步骤的图形表示。程序框图的设计是在处理流程图的基础上，通过对输入/输出数据和处理过程的详细分析，将计算机的主要运行步骤和内容标识出来。程序框图是进行程序设计的基本依据，因此它的质量直接关系到程序设计的质量。

符号	符号名称	功能说明	实例
（圆角矩形）	起止框	表示程序的开始或结束	开始
（矩形）	处理框	表示执行或处理程序的一个步骤	显示hello
（菱形）	判断框	表示对一个给定的条件进行判断，根据给定的条件是否成立决定如何执行其后的操作	dB≤40
（平行四边形）	输入/输出框	表示需要用户输入信息或由程序输出信息	请输入你的身高
→	流程线	表示流程的路径和方向	→ 或 ↓
（圆形）	连接点	用于将画在不同地方的流程线连接起来。用连接点，可以避免流程线的交叉或过长，使流程图清晰	↓ A A ↓

图9-15　常用流程图符号及其含义

下面我用流程图的方式，把图9-14的程序画出来，同时也带着你熟悉一下流程图的画法，如图9-16所示。

哇，这样表示程序确实清晰易懂！

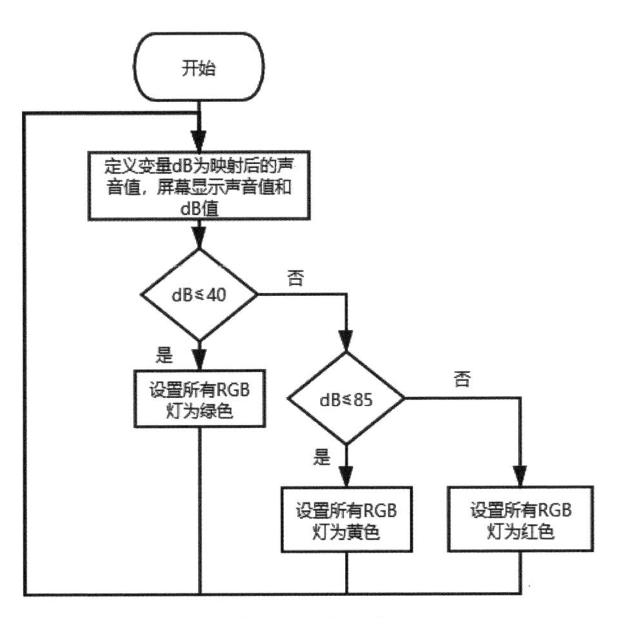

图9-16 流程图

是的，尤其在编写较为复杂的程序前，我们都应该先绘制流程图，然后再编写程序，这样可以帮我们理清思路，也可以提前发现很多程序中的错误或不足。我们把这种能根据给定条件是否成立而决定执行不同步骤的程序结构，称为分支结构。

2.【挑战2】用RGB灯的数量+显示表情表示噪声的大小。

小白同学，下面请你“照猫画虎”，尝试在图9-16的基础上绘制可以显示表情的噪声监测仪程序流程图，然后再编写对应的程序。

好的，老师，你看我画的流程图，如图9-17所示。

现在请你写出和它对应的程序，然后输入运行一下吧！

老师，我按流程图写好了，但是进度条和图片不停地闪烁，看不清数据怎么办？

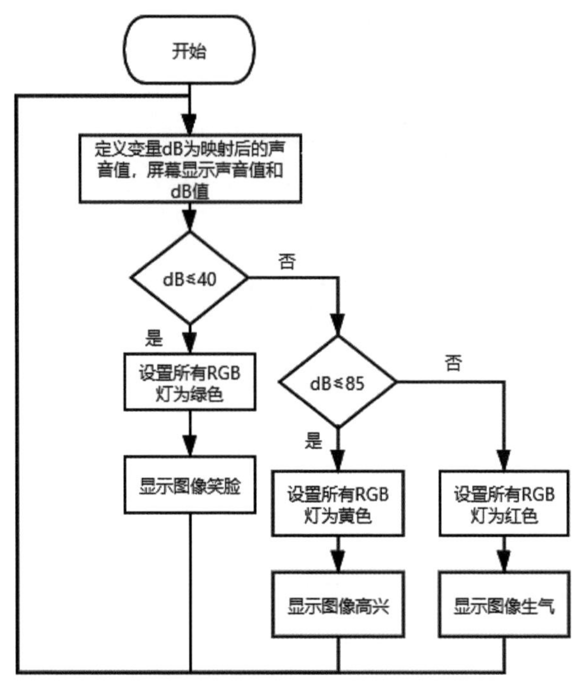

图 9-17 噪声监测仪程序流程图

这是因为程序在不停地重复运行，所以显示完数据和进度条后马上就会显示图片，显示完图片又会重复显示数据和进度条，建议你让程序显示完数据和进度条后停一会儿，显示完每个表情后也停一会儿。

哦，我懂了，现在可以了！如图9-18所示，可是我总觉得怪怪的，感觉掌控板的反应变迟钝了很多，能不能让数据、进度条和表情同时显示出来呢？

这个想法不错！首先，我们要控制表情图的坐标，让它在屏幕左侧或右侧显示，然后在另一侧显示数据和进度条，再把进度条缩短或改成纵向，最后让它们满足相应条件时同时显示出来就可以了，你试试看能否实现？

这个虽然有点麻烦，但是我应该可以做出来。

老师，我发现了一个小问题，前两行显示的文字太长了，被图片挡住了怎么办？

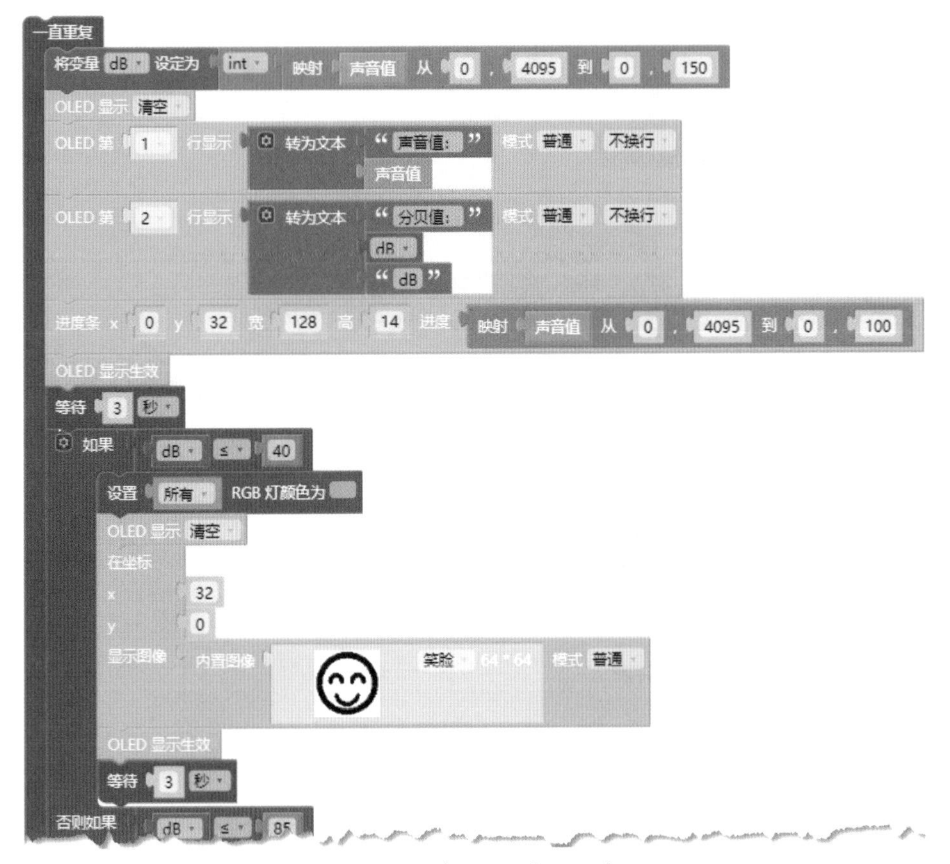

图 9-18 噪声监测仪部分程序 1

你可以适当简化提示文字，比如声音、分贝，再把冒号改为英文输入法的冒号，这样应该就可以显示出来了。

老师你看，这次终于成功啦！这就是我想要的效果，好酷啊！如图9-19所示。

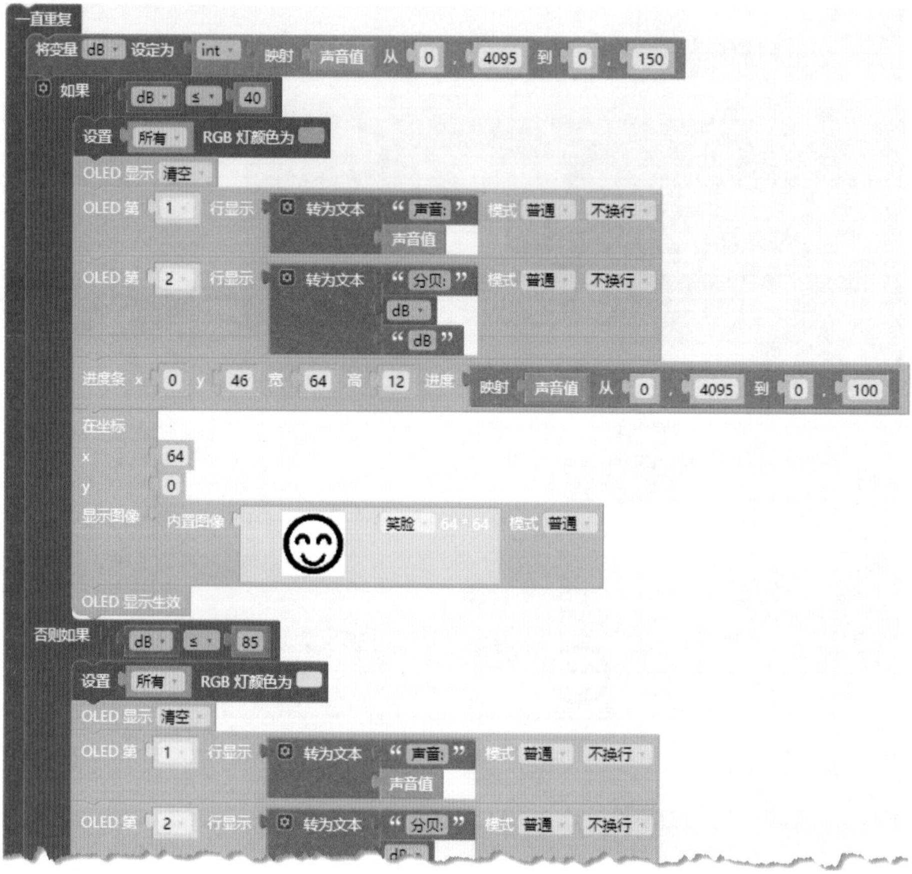

图 9-19　噪声监测仪部分程序 2

拓展任务

请你利用课余时间思考几个问题：能否利用广播功能，实现远距离噪声监控或报警？噪声监测仪还有什么用途？利用噪声监测仪中的知识和原理你能制作出其他的监测仪吗（比如光线强度检测仪等）？你还有什么好的创意或想法吗？欢迎你把作品或想法以图文或视频的方式上传到论坛里和大家展示、分享，遇到问题也可以在论坛里向大家求助。

知识网络

本课知识结构网络如图9-20所示。

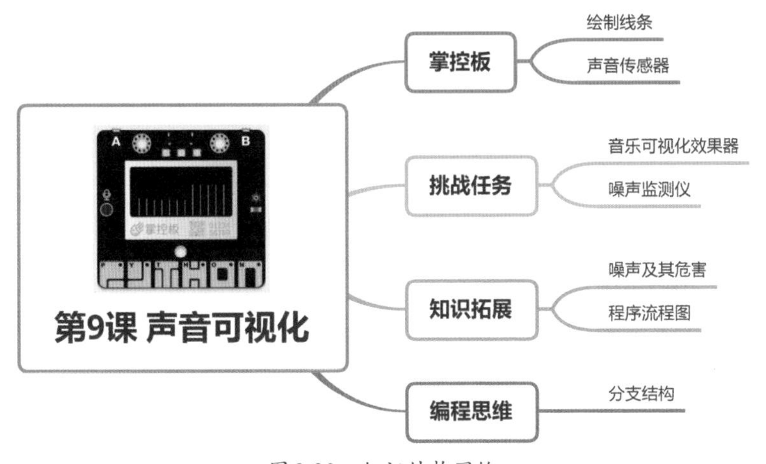

图9-20 知识结构网络

项目手册

（1）核心积木。

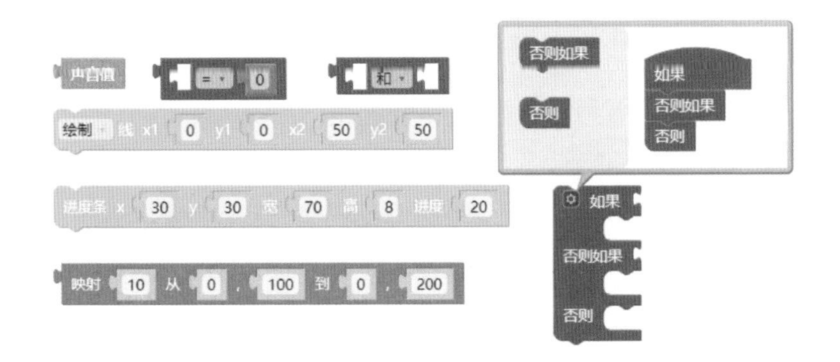

（2）如果、否则如果。

归纳总结：如果、否则如果有什么区别？

（3）程序流程图。

符号	符号名称	功能说明	实例
圆角矩形			
矩形			
菱形			
平行四边形			
→			
圆形			

第10课

个性计步器

项目背景

你吃过摇摇乐干脆面吗？想不想测试一下撒好调料摇动方便面的时候，你的“手速”是多少？手机或智能手表中都有一个计步功能，它能够帮你统计出每天走的步数甚至能计算出你的运动量，如图10-1所示。你知道它是怎么实现的吗？其实这些功能用掌控板也能实现！本课就带你逐一找到这些问题的答案。

图10-1　计步器

哇，掌控板也能做出计步器？我也想设计一个计步器！

我们先来做一个能测“手速”的仪器，再来设计计步器。

任务1：疯狂摇一摇——三轴加速度传感器

1.【挑战1】小魔术：听话的掌控板。

小白同学，我给你表演一个小魔术，先让掌控板扣在桌子上，我让它显示石头剪刀布中的某个图像，把它翻过来时就会显示对应的图像，如图10-2所示，这是为什么呢？

图10-2　小魔术

啊？难道是用语音控制的？

哈哈，你想多了，注意观察掌控板倾斜的方向！

哦，我懂了！掌控板朝哪边倾斜就显示对应的图像！这是怎么做到的呢？

请你在【输入】积木库中，找出【当掌控板向前倾斜时】积木，如图10-3所示，你能利用它完成这个小魔术吗？

图 10-3 【当掌控板向前倾斜时】积木

哇，原来如此！有这个积木就很简单了，老师你看！如图10-4所示。

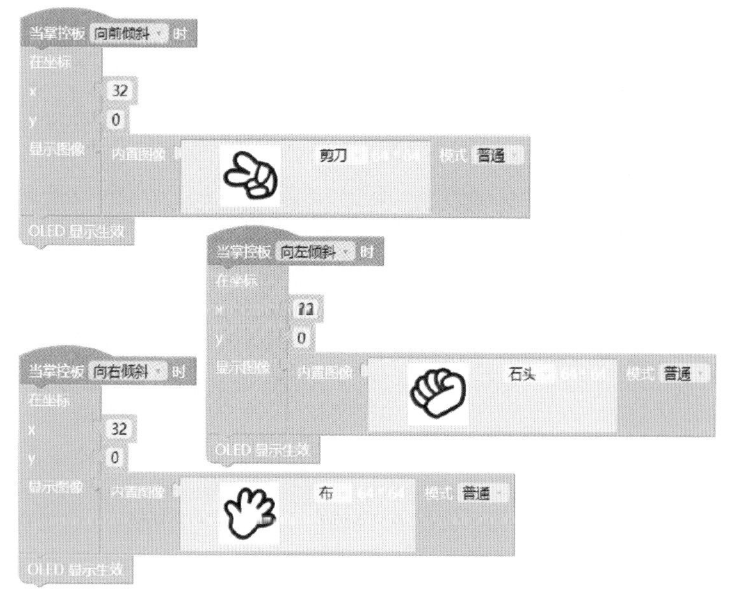

图 10-4 小魔术程序

很棒！你今天回家给你爸妈变变这个小魔术，看看他们明白是怎么回事吗？

哈哈，那一定很好玩！老师我还有个问题，掌控板是怎么感觉到倾斜的呢？

问得好！这是因为掌控板内部有一个传感器，如图10-5所示。它可以用来检测倾斜、摇晃、加速度的变化等信息。加速度是物理学中用来描述物体速度变化快慢的物理量。

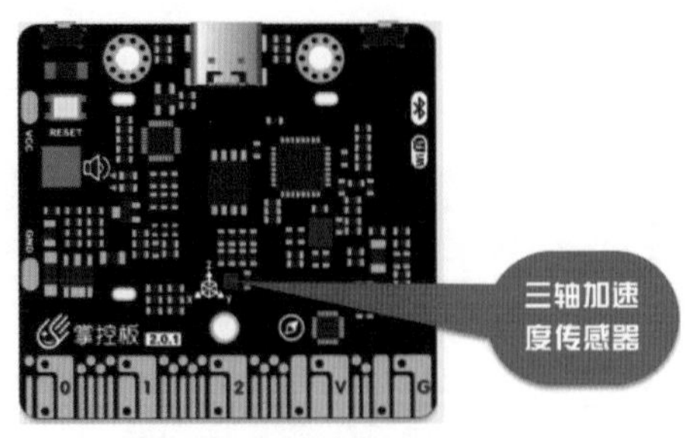

图 10-5　三轴加速度传感器

它看着个头不大，没想到功能还挺强大呢！

2.【挑战 2】疯狂摇一摇——记录并显示摇动次数。

小白同学，你想一想怎样才能利用三轴加速度传感器，让掌控板测试出你摇晃它的“手速”呢？请说说你的思路吧！

嗯，我刚看到还有一个【当掌控板被摇晃时】积木，我们在第 1 课中还用它做过石头剪刀布的游戏，我觉得应该用它作为事件，还需要一个变量来存储晃动次数，掌控板被摇晃时变量就增加 1，最后把变量显示在屏幕上就行了。

思路很好，请你试着写出程序并刷入掌控板测试一下吧！

这个不难，老师你看，这是我的程序，如图 10-6 所示。

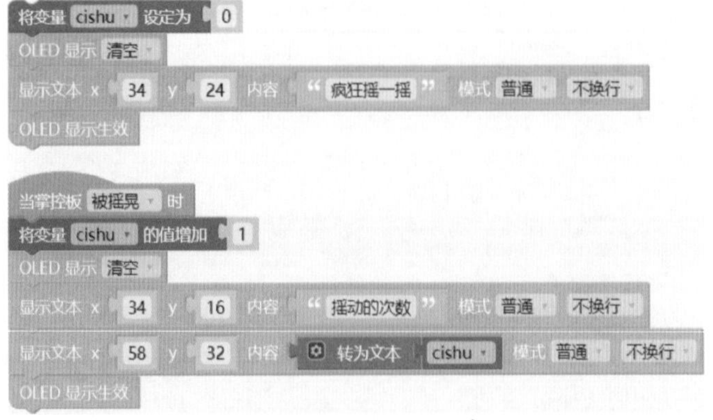

图 10-6　疯狂摇一摇程序 1

老师，我测试了一下，发现一个问题：我摇晃得较慢时，它测得比较准确，摇晃得越快越不准确，感觉它少数了很多次！哪里出问题了？

建议你用【输入】积木库中的【掌控板被摇晃】积木，如图10-7所示，再配合【如果】和【一直重复】积木，把你的程序改造一下再试试。

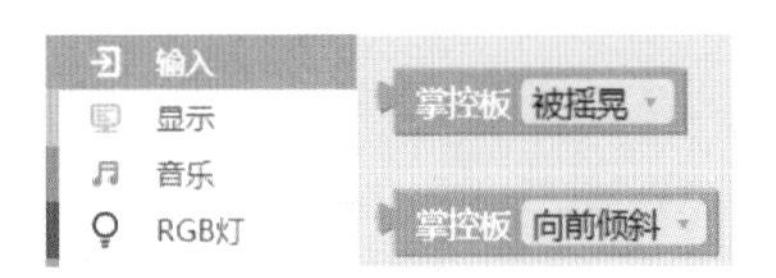

图10-7 【掌控板被摇晃】积木

哇，这下很准了！老师，我总觉得程序一开始缺点什么，我就在最上面加了个【主程序】积木，不知道对不对，如图10-8所示。我还有个问题：为什么这样写程序就变准确了呢？

图10-8 疯狂摇一摇程序2

这样用是对的！主程序就是程序开始运行的地方，就是咱们之前学的流程图中的“开始”，其实在咱们写的这些程序中，加不加它对程序运行没有任何影响。第二个问题是因为【重复执行】比【当掌控板被摇晃时】每秒钟运行的次数快很多，所以用这种方法程序的反应会很快。

噢，我懂了，难怪【输入】积木库里会有很多这种功能重复但是形状不一样的积木了，原来是运行方式和用法不同啊！

很棒，不过还有一个小问题，你的变量名用的是拼音，变量的名字可不是随便起的，需要遵循一些命名规则。

Python变量名命名规则

- 变量名通常由字母、数字、下划线组成。
- 数字不能作为变量名开头。
- 不能以Python中的关键字命名，如if、for等，建议你自己上网查一查。
- 变量名要有意义，尽量用英文命名，尤其是以纯代码方式编程时更要注意这一点，这样可以让不同国家的程序员看懂，便于交流。
- 不要用汉字和拼音去命名，以免出现同音字、多音字而引起误解，而且不利于与其他国家的编程者交流。
- 变量名要区分大小写，例如，ABC和Abc表示两个不同的变量。
- 常量通常使用大写来定义。
- 有的变量的含义比较复杂，可能需要用到两个或两个以上单词，此时推荐使用驼峰型（GuessAge或guessAge），即每个单词首字母大写或从第二个单词起每个单词首字母大写，或采用下划线的方式连接不同单词（guess_age），即单词间用“_”连接，这样更容易看清楚不同的单词，避免误读。

原来变量名背后还有这么多知识呢！老师，摇晃次数用英语该怎么写?

摇晃的英文是shake，建议你用NumberOfShake或number_of_shake的方式来命名，这样既能表示变量的含义，又符合变量的命名规则。
毕竟你是五年级，词汇量有限，今后遇到这种情况可以查查《汉英词典》或在线翻译一下。当然学好英语也是很重要的！

老师，我还有个小问题，每次我想重新开始计数，就要重新刷入一次程序，好麻烦啊，怎样才能在我按下某键时让程序重新开始呢？

你很会发现问题啊！请你在【输入】积木库中，找到最后一个积木，叫作【复位】，它的功能就是重启掌控板，也就会重新开始程序了！

太好了，这下完美了！老师你看，如图10-9所示。

```
主程序
将变量 number_of_shake 设定为 0
OLED 显示 清空
显示文本 x 34 y 24 内容 "疯狂摇一摇" 模式 普通 不换行
OLED 显示生效
一直重复
    如果 掌控板 被摇晃
        将变量 number_of_shake 的值增加 1
        OLED 显示 清空
        显示文本 x 34 y 16 内容 "摇动的次数" 模式 普通 不换行
        显示文本 x 58 y 32 内容 转为文本 number_of_shake 模式 普通 不换行
        OLED 显示生效
    如果 按键 A 已经按下
        复位
```

图10-9 疯狂摇一摇程序3

任务2：个性计步器——直到型循环

小白同学，“疯狂摇一摇”可以测“手速”，如果我们把它装到口袋里走路，能不能用来计步呢？请你试试吧。

哇，真的可以！就是需要把提示语修改一下。

是的，程序的基本功能其实都是记录并显示摇晃次数，但是我想让计步器的功能更强大，屏幕显示的内容也更加人性化一些。我们先来完成【挑战1】。

1.【挑战1】设计计步器的功能和界面。

请你想一想，计步器要有哪些功能？需要在屏幕上显示哪些提示语和信息？请你试着在“疯狂摇一摇”的基础上进行修改。

嗯，这个简单，老师你看，如图10-10所示。

```
主程序
将变量 number_of_shake 设定为 0
OLED 显示 清空
显示文本 x 22 y 24 内容 “欢迎使用计步器” 模式 普通 不换行
OLED 显示生效
一直重复
    如果 掌控板 被摇晃
        将变量 number_of_shake 的值增加 1
        OLED 显示 清空
        显示文本 x 34 y 16 内容 “你已经走了” 模式 普通 不换行
        显示文本 x 58 y 32 内容 转为文本 number_of_shake “步” 模式 普通 不换行
        OLED 显示生效
    如果 按键 A 已经按下
        复位
```

图10-10 简易计步器程序

嗯，基本功能实现了。还记得我们以前说过的“以人为本”的设计理念吗？如果我是第一次使用计步器的使用者，你是设计师，我有些问题需要你帮我解决:（1）开机后屏幕上应该先提醒我如何操作，而且要等我看完操作方法后，按下某键再开始计步;（2）为了便于测试，假设我的目标是10步，目标达成后应该提醒我;（3）我想在屏幕上看到距离目标还差多少步，而不是已经走了多少步。请你在刚才的程序基础上试着解决这些问题。

嗯，这些问题我确实没考虑到。老师，我修改完测试时又遇到问题了，我必须按住A键不松手时摇晃才能计数，一松手就不计数了，这是为什么呢？还有目标达成后晃动还会继续计数，怎么让它停下来？只有按下B键时才能重新开始计数吗？如图10-11所示。

```
主程序
将变量 number_of_shake 设定为 0
OLED 显示 清空
OLED 第 1 行显示 "欢迎使用计步器" 模式 普通 不换行
OLED 第 2 行显示 "每天万步身体好" 模式 普通 不换行
OLED 第 3 行显示 "按A键开始计步" 模式 普通 不换行
OLED 第 4 行显示 "按B键重新开始" 模式 普通 不换行
OLED 显示生效
一直重复
  如果 按键 A 已经按下
    如果 掌控板 被摇晃
      将变量 number_of_shake 的值增加 1
      OLED 显示 清空
      显示文本 x 24 y 16 内容 "距离目标还有" 模式 普通 不换行
      显示文本 x 36 y 32 内容 转为文本 10 - number_of_shake "步" 模式 普通 不换行
      OLED 显示生效
    如果 10 - number_of_shake = 0
      OLED 显示 清空
      OLED 第 2 行显示 "恭喜你，目标已达成！" 模式 普通 不换行
      OLED 第 3 行显示 "按B重新开始" 模式 普通 不换行
      OLED 显示生效
  如果 按键 B 已经按下
    复位
```

图10-11 计步器程序

嗯，倒计数做得很棒！出现这个问题的原因是，程序中是以按键A已经按下作为摇晃时计数的先决条件的，所以A键不按下，【掌控板被摇晃】就不会被执行，所以不按下A键就不计数。

老师，有什么办法可以解决这个问题吗？

那我要给你介绍【循环】积木库中的两个新的积木——【重复当】和【重复直到】，如图10-12所示。

图 10-12 【重复当和重复直到】积木

这两个积木有什么区别呢？该如何使用呢？

下面我就给你介绍一下它们的区别和用法。

知识拓展

【重复当】这种循环称为“当型循环”，程序运行到这里时，会先判断条件是否成立，当条件成立时就开始执行循环体（在循环中运行的程序），否则结束循环继续往下运行，用流程图表示如图10-13所示。

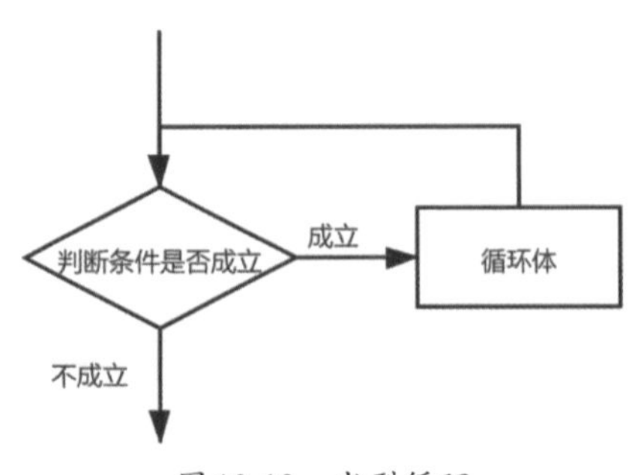

图 10-13 当型循环

【重复直到】这种循环称为“直到型循环”，程序运行到这里，会先执行一次循环体，再判断条件是否成立，条件成立就结束循环，否则就继续循环，用流程图表示如图10-14所示。

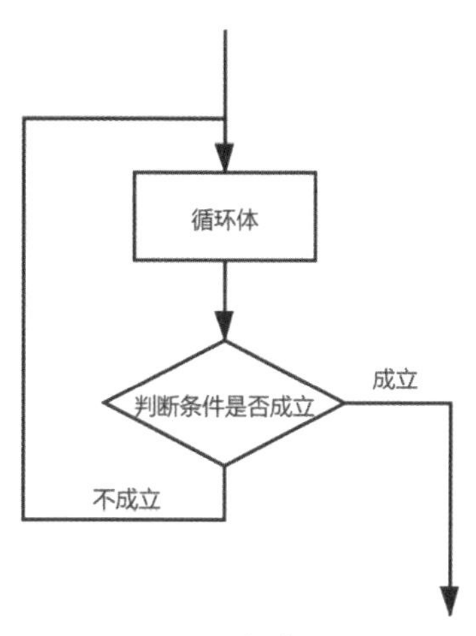

图10-14 直到型循环

下面我们把几种常用的循环方式归纳总结一下，如图10-15所示。

循环积木	循环类型	循环结束条件	特点
一直重复	无限循环	不会结束	无条件无限循环
重复 10 次	有限循环	循环次数达到最大值时	循环次数可控
使用 i 从范围 1 到 10 每隔 1	有限循环	变量大于最大值时	可以控制变量的范围和循环次数
重复当	当型循环	条件不成立时	先判断再循环
重复直到	直到型循环	条件成立时	先循环再判断

图10-15 常见循环

现在可以解决你刚才遇到的问题了吧！

嗯，我明白了，我觉得用【重复直到】就可以解决那两个问题，老师你看，这下我终于成功了！如图10-16所示。

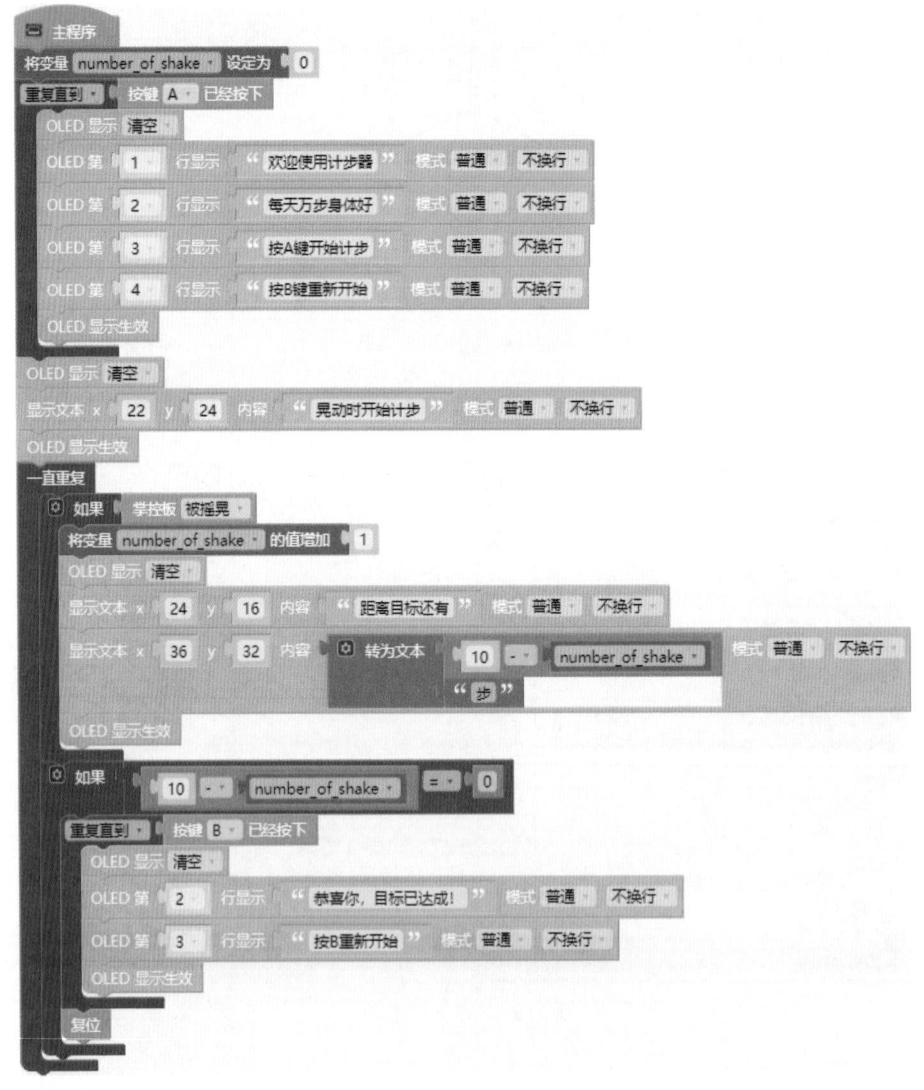

图 10-16　计步器程序

2.【挑战2】进一步完善计步器的功能。

很棒！你已经基本完成了计步器设计，可是老师作为使用者，我在使用过程中又发现了两个问题:（1）如果使用者是老人，屏幕上的数字太小看不清怎么办?（2）计步器在使用时有可能是装在口袋里的，目标达成时很可能看不到屏幕上的文字，怎样提醒会更好?

第二个问题好办，目标达成时播放一首歌作为提醒就可以解决这个问题，可第一个问题我不会，难道掌控板屏幕上的文字还能放大吗?

的确可以“放大”，只不过只能“放大”数字，不能“放大”文字，这就要用到【显示】积木库中的【显示仿数码管】积木了，如图10-17所示，你可以自己试一下哪种字体最好看。

图10-17 显示仿数码管字体

哇，仿数码管字体好酷啊！我觉得“仿数码管30像素”用在计步器里最好，不大也不小。它后面写的像素应该是字的高度！老师，我有个疑问，什么叫数码管？为什么叫仿数码管字体呢?

数码管其实很常见，如图10-18所示。很多家用电器是用数码管来显示数字的，如计算器、电子秤、电子表等。掌控板可以模拟出这种字体。有了它的帮助，请你再完善一下计步器吧！
仿数码管字体比较大，请注意文字坐标和屏幕空间的利用，写完程序后请你自己测试一下，有问题先自己试着解决。

图10-18 数码管

好的！老师，测试时我还发现了两个小问题：播放音乐要选择【播放音乐直到完成】积木，否则目标完成时会连续重复播放音乐；在音乐播放快要结束的时候长按B键才能重启，因为程序要播放完音乐才会继续往下运行。老师你看，这次感觉很完美了，如图10-19所示。

很棒！自己会通过尝试想办法解决问题了！经过不断优化，现在你设计的计步器真正体现了“以人为本”的设计理念，充分考虑到了用户的需求，而且尽量让用户的操作最简单，功能也很实用。

拓展任务

请你利用课余时间思考几个问题：计步器中还能加入哪些功能？走路的目标步数能不能让使用者根据需要自行设定，而不是在程序中设为固定值？三轴加速度传感器除了计步还有什么用途吗？你还有什么好的创意或想法吗？欢迎你把作品或想法以图文或视频的方式上传到论坛里和大家展示、分享，遇到问题也可以在论坛里向大家求助。

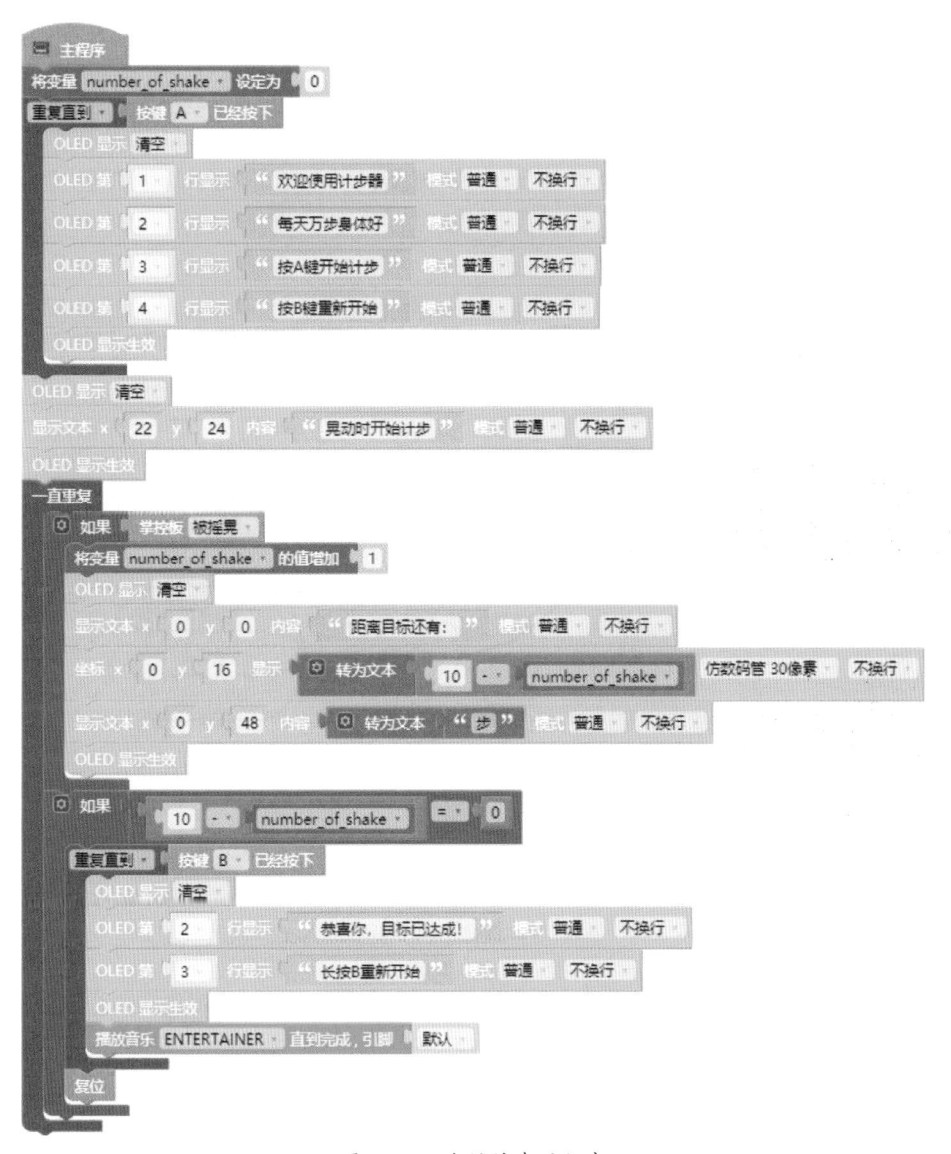

图 10-19　个性计步器程序

本课知识结构网络如图 10-20 所示。

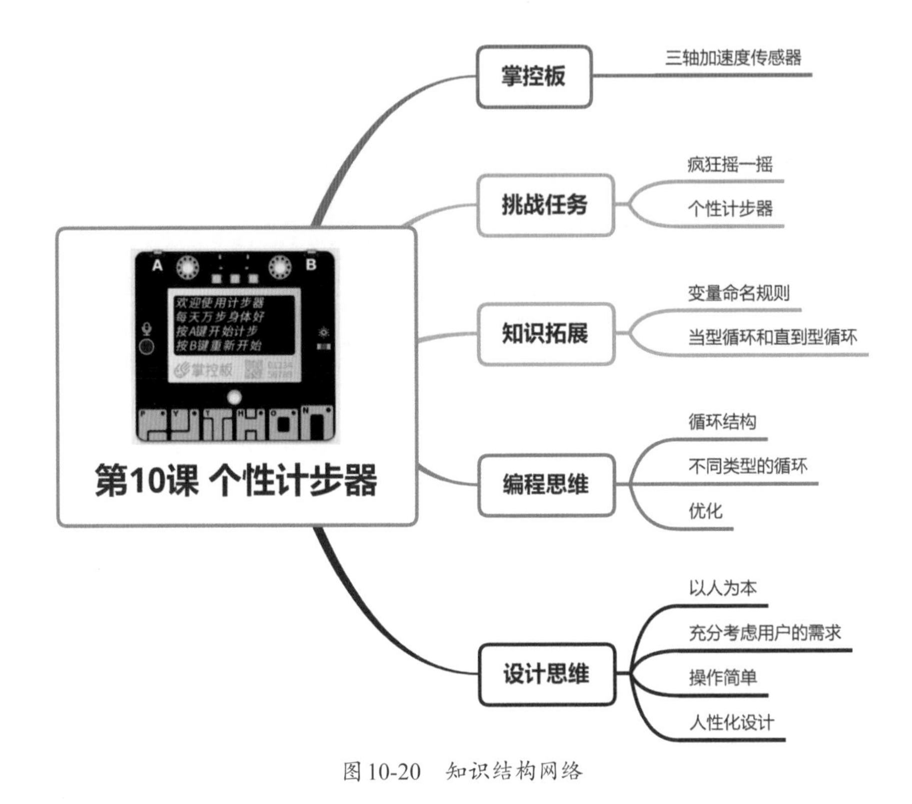

图10-20　知识结构网络

项目手册

（1）核心积木。

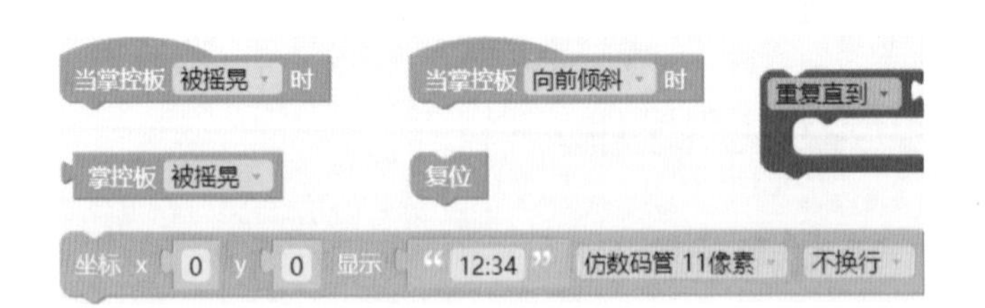

（2）Python变量的命名规则。

- 变量名通常由______、______、______组成。
- ______不能作为变量名开头。
- 不能以Python中的______命名。

- 变量名要有______。
- 不要用______和______去命名。
- 变量名要区分______。
- ______通常使用大写来定义。
- 含多个单词的变量名推荐使用____________型（GuessAge或guessAge）或guess_age来命名。

（3）常见循环。

循环积木	循环类型	循环结束条件	特点
一直重复			
重复 10 次			
使用 i 从范围 1 到 10 每隔 1			
重复当			
重复直到			

第11课 防盗报警器

项目背景

在日常生活中有很多地方需要保持平坦，我们通常称为水平（和水平面一样平），比如往墙上挂画的时候怎样才能保证不挂歪？盖房子的时候怎样保证地基和房间的地面是平的？需要借助什么工具才能保持水平？……这些功能和防盗报警器有什么关系？用掌控板如何实现？本课就会逐一带你解开这些迷惑。

小白同学，你知道什么是水平仪吗？

没见过，它长什么样的？是干什么用的呢？

知识拓展

通俗地说，水平仪就是用来测量物体相对于水平面来说平不平的一种仪器。常见的有气泡水平仪（结构简单）和激光水平仪（常用来铺墙砖、地砖），如图11-1所示。我们试着用掌控板模拟出一个圆形的气泡水平仪吧！

图 11-1　水平仪

任务1：水平仪——巧用三轴加速度传感器

老师，我无法想象用掌控板怎么模拟气泡水平仪呢?

哈哈，别急，你想想看，掌控板的屏幕可以绘制图形，我们只要绘制一个大圆和一个小圆，当作气泡水平仪的两个黑色的圆，再绘制一个实心小圆当气泡，这样就可以绘制出圆形气泡水平仪了，对吧!

哦，明白了，可是气泡怎么动起来呢?

上一节课咱们了解了三轴加速度传感器，如果能读取出它的具体数值，用它来控制实心圆的坐标，这样就可以模拟出圆形气泡水平仪了，如图 11-2 所示。

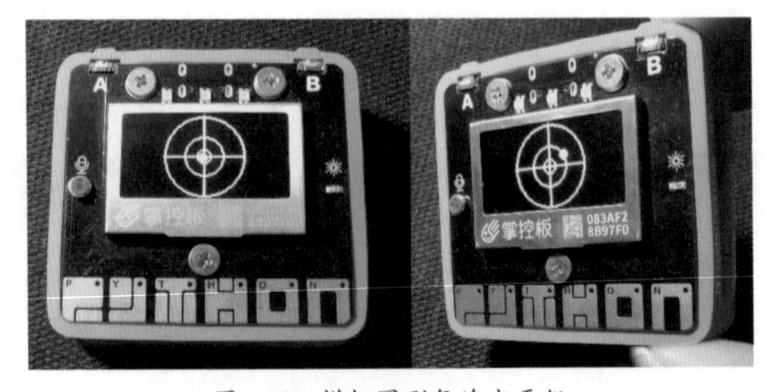

图 11-2　模拟圆形气泡水平仪

1.【挑战1】读取并显示三轴加速度传感器的值。

小白同学，请你在屏幕上显示出三轴加速度传感器各个轴的值，这需要用到【输入】积木库中的【X轴倾斜角】积木，如图11-3所示。请你自己测试一下，读取三个轴的取值范围，并根据读取到的值，判断一下X、Y、Z轴分别对应哪几个方向。加速度和角速度等你上初中学了物理就明白了。

图 11-3　X轴倾斜角

老师，我读取到三个轴的倾斜角数值了！如图11-4所示。X轴是前后，Y轴是左右，取值范围都是-90°~270°，Z轴的取值范围是-180°~180°，但具体是什么方向我没弄明白，感觉它和X、Y轴都有关系。

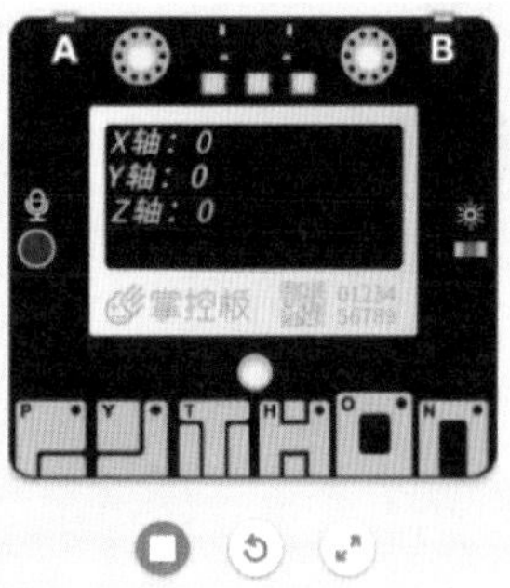

图 11-4　读取三轴倾斜角

不错，数据读取和方向判断都很准确！你看一下图11-5就明白这三个轴之间的关系了。为了便于记忆，你还需要把掌控板平放在桌子上，再用右手像图中这样操作，食指就会指向Y轴，中指指向X轴，大拇指指向Z轴。注意三轴加速度传感器的X、Y轴和屏幕的X、Y轴方向不同。

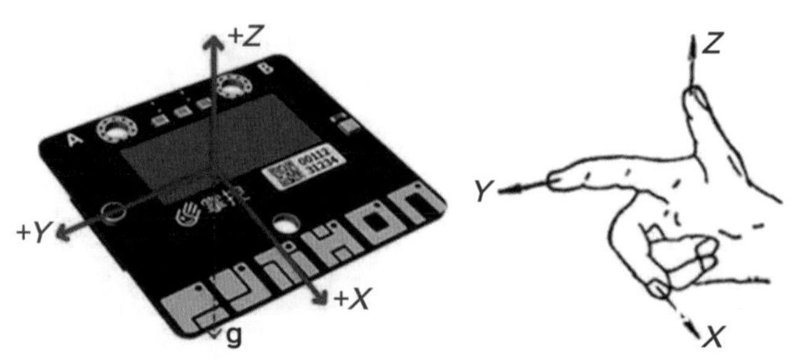

图 11-5　三轴示意图

哦，我懂了！这样确实好记多了！

实现水平仪效果，Z轴我们暂时用不上，下面我们就可以利用X、Y轴倾斜角的数值来控制“气泡”了！

2.【挑战2】实现水平仪效果。

老师，我们还没有画圆和气泡呢！该怎么画呢？

这里我们需要用到【显示】积木库中的【绘制垂直线】（x、y为起点坐标）和【绘制空心圆】（x、y为圆心坐标）两个积木，如图11-6所示。当然，直线也可以用我们之前学过的【绘制线】积木来绘制，只是在这里用【绘制垂直线】更简单一些，请你尝试先绘制出图11-2所示的水平仪。

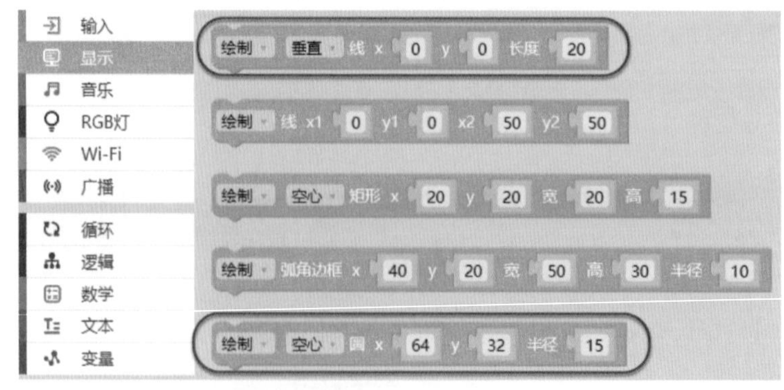

图 11-6 【绘制垂直线】和【绘制空心圆】积木

这个感觉不难，老师你看，我画出来了，如图11-7所示。我发现仿真模拟器和掌控板显示出的画面有点不一样，掌控板显示得更准确！

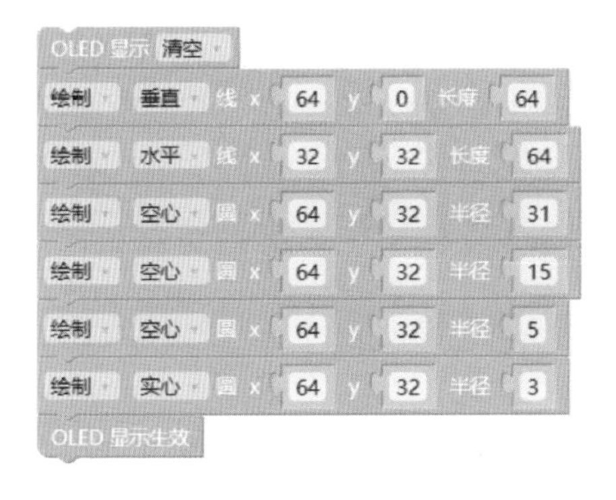

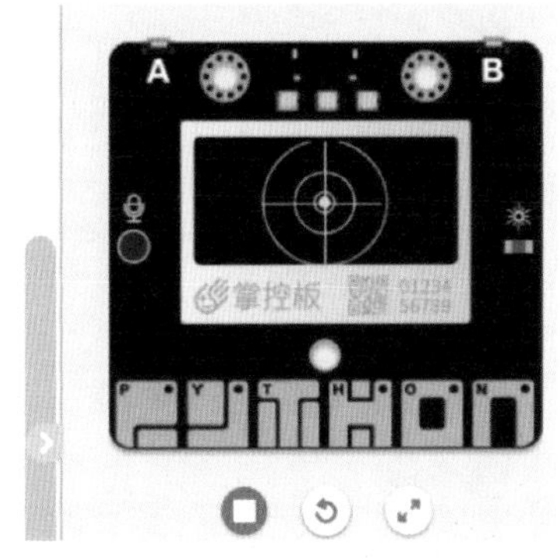

图 11-7　绘制水平仪程序

是的，我们以掌控板中显示的效果为准。下面请你想一想，怎样让实心圆代表的“气泡”根据掌控板的倾斜角度动起来呢？注意倾斜角的方向和取值范围与实心圆圆心坐标的取值范围的对应关系，有什么错误先自己尝试排除，建议用变量存储X、Y轴倾斜角的值。

把实心圆的x坐标设为Y轴倾斜角，y坐标设为X轴倾斜角，坐标和倾斜角的取值范围不一样，所以要用【映射】转换一下，还要把映射后的值和实心圆的圆心坐标对应起来，是有点烦琐，不过我试了几次改正了错误，终于成功啦！如图11-8所示。

好厉害！自己完成了！你遇到了什么错误，又是怎样改正的呢？

首先就是要确定倾斜角的范围，虽然是-90°~270°，但是我觉得水平仪不太可能翻过去用，所以从-90°~90°就够了；其次就是一开始我把X轴倾斜角映射后的值写反了，气泡上下浮动的方向是反的，我改成0~64就对了，这个值的范围要考虑圆心坐标和大圆上下左右4个顶点的坐标，比较好算；最后就是映射过的值要用int转换成整型，否则会报错。

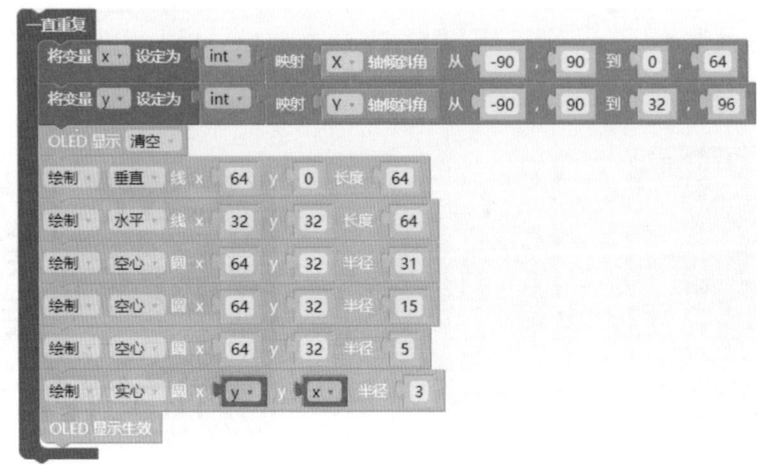

图 11-8　水平仪程序

小白同学，你越来越棒了！思路清晰，逻辑严谨，还能灵活运用之前学过的知识和数学知识解决问题，大家要向你学习！为你点赞！

老师夸得我都不好意思了！嘿嘿……
我可以拿着我做的水平仪去测测桌子、地面还有家里挂的画到底平不平了！

任务2：防盗报警器——综合应用

1.【挑战1】贵重物品防盗报警器。

小白同学，请你设想一个问题：在博物馆或其他有贵重物品的地方除了安监控以外还能怎样防盗？如何才能做到物品被搬动或倾斜就能发出警告或报警信号呢？

不能倾斜或搬动的话利用三轴加速度传感器测量倾斜角就可以！只要把掌控板和贵重物品安装到一起，当掌控板的倾斜角大于某个值，就会发出声音、闪灯且在屏幕上显示警告语，这样就可以解决问题了！

这个思路很好啊！这些知识你都学过，请你自己试一试吧，程序写好之后刷入掌控板多测试几次，想想最多允许倾斜多少度，这个值是不是越小越好，为什么？

这个好像不难，经过测试，我认为倾斜3°左右就够了，这个值如果太大了报警器就不灵敏了，太小了可能稍微有点震动它就报警了，又过于灵敏了。老师，你看我的程序，如图11-9所示。

```
一直重复
  如果 X 轴倾斜角 ≥ 3
    设置 所有 RGB 灯颜色为
    OLED 显示 清空
    显示文本 x 22 y 24 内容 "警告：请勿搬动！" 模式 普通 不换行
    OLED 显示生效
    播放音符 音符 B5 节拍 1/4 引脚 默认
    等待 0.1 秒
    关闭 所有 RGB 灯
    等待 0.1 秒
  否则
    OLED 显示 清空
    显示文本 x 12 y 24 内容 "贵重物品，请勿触碰！" 模式 普通 不换行
    OLED 显示生效
```

图11-9 防盗报警器程序1

嗯，程序基本结构没啥问题，显示的信息也很符合场景，我们把触发报警的条件转化成掌控板的倾斜角度，这种编程思维叫作抽象，“3”这种作为触发点的数值我们称为临界值或阈（yù）值，这两个概念在编程中经常会用到，其实我们之前已经用过多次了。

有个问题不知你发现没有，只有掌控板向一个方向倾斜时才会触发报警，其他方向却不行，这样是不是不太安全呢，该如何改进？

呀，确实是这样，那我就多加几个条件，让它不管朝哪个方向倾斜都会触发报警，如图11-10所示。

很棒！把我们之前学的【逻辑】中的【或】用上了，你可以测试一下，看看你自己或你的同学能不能把报警器“偷走”：在不触发警报的情况下能否把报警器拿出你所在的房间，如果不能就证明你成功了！

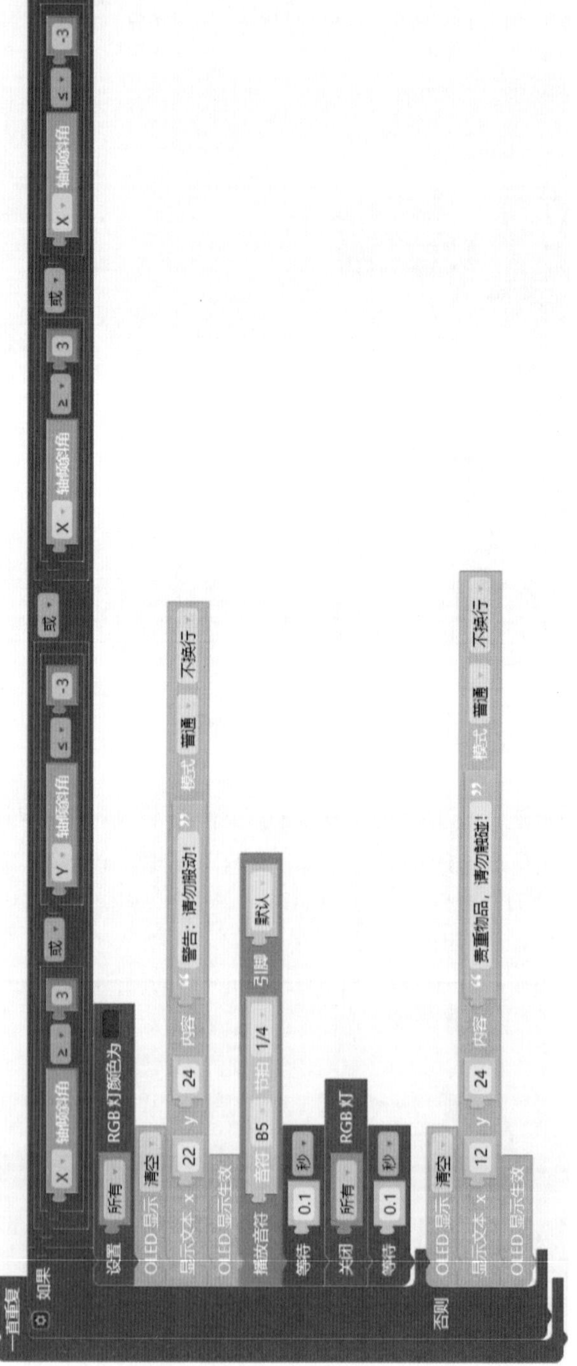

图 11-10 防盗报警器程序2

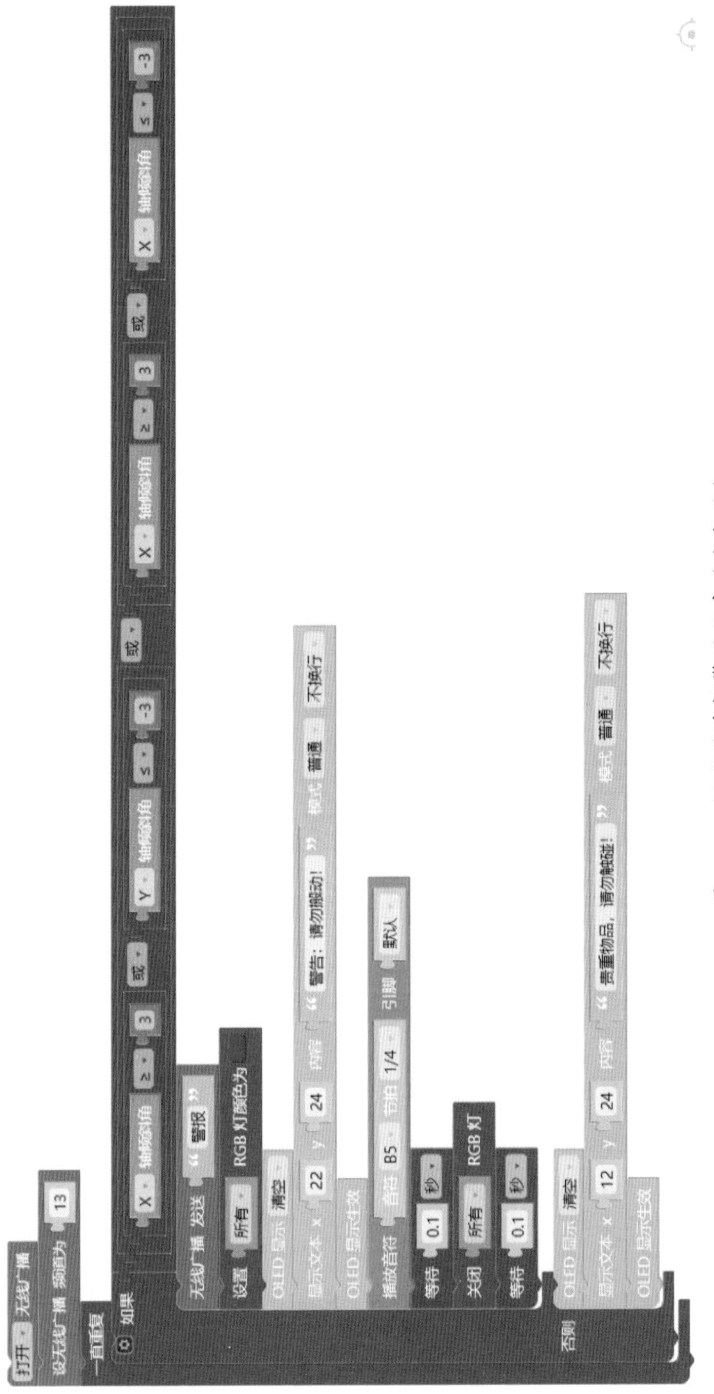

图 11-11 远程防盗报警器程序（发射端）

哇，我这个“小偷”真的是“偷”不走东西了！哈哈，我的防盗报警器研制成功啦！

2.【挑战2】利用广播功能实现远程报警。

小白同学，防盗报警器的声音比较小，如果周围没有人的话可能起不到报警的作用，你想一想，能不能利用第6课学过的【广播】功能，实现远程发送报警信息呢？这样就可以把信息远距离发送给博物馆的安保中心了。我再给你一块掌控板，当作安保中心的显示器，你试试看。

对，这样确实更实用！广播功能好久没用了，我得先看看第6课写的程序。哦，我知道怎么做了！老师你看，这是发射端程序，如图11-11所示。

这是接收端程序，如图11-12所示，老师，我测试了一下，“安保中心”可以接收到警报！效果很棒的！

```
打开 无线广播
设无线广播 频道为 13
一直重复
  如果 无线广播 接收消息 = “警报”
    设置 所有 RGB 灯颜色为
    OLED 显示 清空
    显示文本 x 0 y 24 内容 “注意有人搬动贵重物品!” 模式 普通 不换行
    OLED 显示生效
    播放音符 音符 B5 节拍 1/4 引脚 默认
    等待 0.1 秒
    关闭 所有 RGB 灯
    等待 0.1 秒
  否则
    OLED 显示 清空
    显示文本 x 40 y 24 内容 “一切正常” 模式 普通 不换行
    OLED 显示生效
```

图11-12　远程防盗报警器程序（接收端）

恭喜你！你的防盗报警器变得更实用了！课后请你思考并尝试完成拓展任务。

拓展任务

请你利用课余时间思考几个问题：如果博物馆里不同房间的宝贝都需要安装防盗报警器，能不能实现报警后，让安保中心的掌控板上显示是哪个房间出了问题？利用三轴重力加速度传感器你还能设计制作出什么产品或解决什么问题？你还有什么好的创意或想法吗？欢迎你把作品或想法以图文或视频的方式上传到论坛里和大家展示、分享，遇到问题也可以在论坛里向大家求助。

知识网络

本课知识结构网络如图11-13所示。

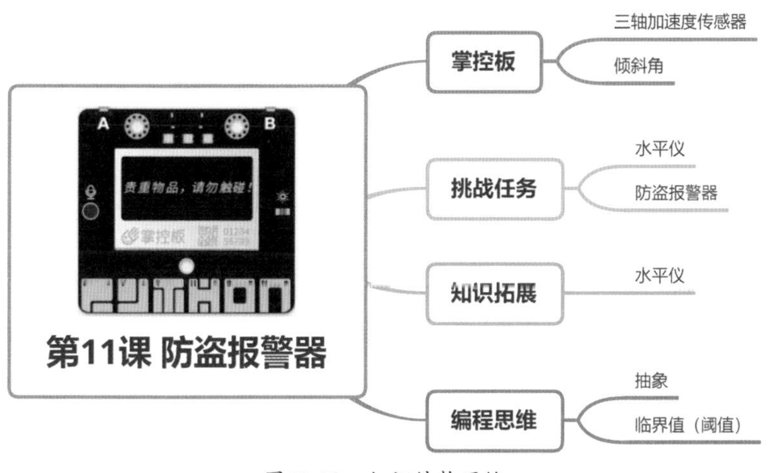

图11-13　知识结构网络

项目手册

（1）核心积木。

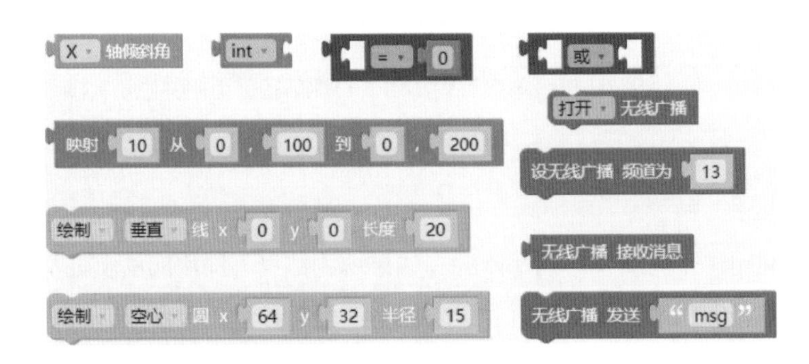

（2）请标注出三个轴的名称及其取值范围。

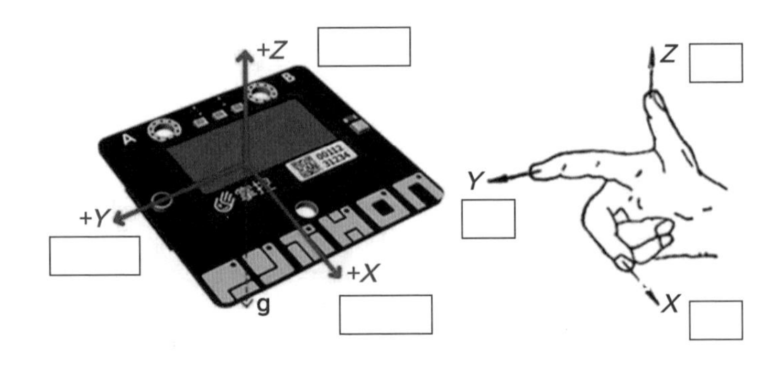

（3）复习无线广播知识。

无线广播功能，是一种无线通信方式（2.4G的无线射频通信），共____个信道（channel）。可实现一定区域内（掌控板发射功率有限，只能实现约____米范围）的简易组网通信。在相同信道下，掌控板间可实现______或______接收或发送广播消息。

第12课 网络对时闹钟

项目背景

每天早上最幸福的起床方式就是睡到自然醒，可是平时要上学、上班，必须按时起床，最好的办法就是定个闹钟了。用掌控板也可以设计制作一个闹钟，但是有一系列的问题需要解决：做指针式还是仿数码管式闹钟？如图12-1所示，如何获取准确的时间？如何设置闹铃时间？怎样关闭闹铃？

图12-1　闹钟

挑战任务

任务1：网络对时电子表——连接Wi-Fi

1.【挑战1】制作指针式时钟。

我们先来绘制一个指针式时钟吧，小白同学，你想一想应该怎么画?

如果不画刻度还是比较简单的，关键是怎么让指针随着时间动起来呢? 还有就是怎么让掌控板获取时间呢?

我们先来解决第一个问题，其实掌控板的设计者考虑了这个问题，将时钟功能简化成了几个积木，如图12-2所示。它们的使用方法也很简单，先初始化，再读取时间，最后绘制时钟即可。这样我们就可以高效地绘制出一个指针式时钟了，别忘了“显示三件套”!

图12-2　绘制时钟积木

哇，确实很简单，可是掌控板显示的时间怎么和真实时间不一致呢? 如图12-3所示。

图12-3　时钟程序

下面我们就来解决时间不准的问题。掌控板的功能很强大，还可以连接到互联网中，这里就需要让掌控板连接到Wi-Fi，才能够获取网络上的授时服务器中的准确时间。只需在刚才的程序前加入【Wi-Fi】积木库中的【连接Wi-Fi】积木，在其中输入要连接的Wi-Fi名称和密码，再加入一个【同步网络时间】积木来获取时间就可以了，如图12-4所示。

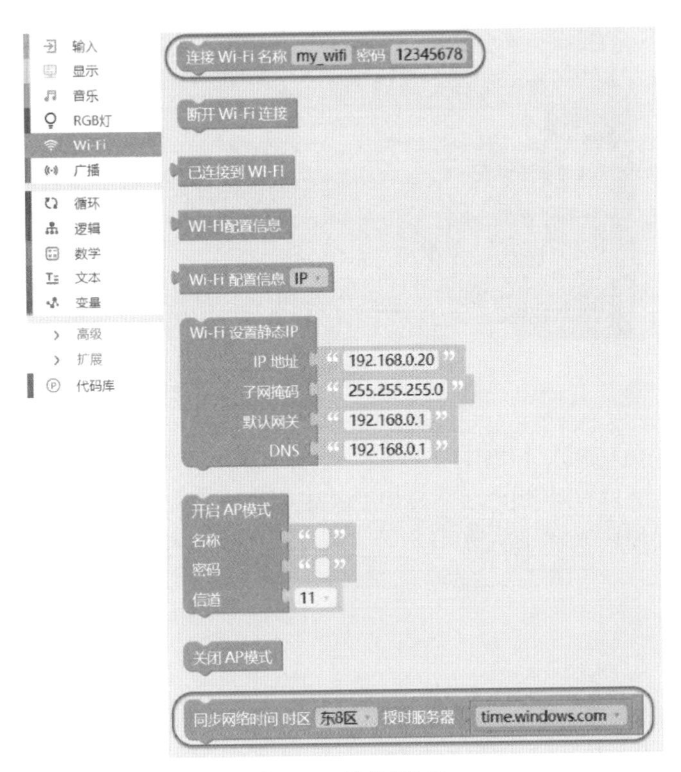

图 12-4 连接 Wi-Fi

掌控板接入Wi-Fi时需要几秒钟的时间，在mPython右下角的控制台中会显示“Connection WiFi......”，连接成功后会显示“Connection Successful”等信息，如图12-5所示。如果没有显示成功，请检查你的Wi-Fi名称或密码是否填写正确。

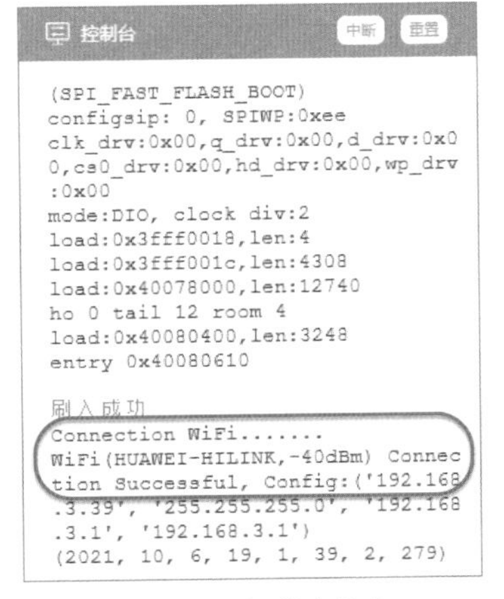

图 12-5 控制台信息

这次时间变准确了！如图12-6所示。老师，我有个疑问，时区东8区是什么意思？授时服务器又是什么？

```
连接 Wi-Fi 名称 " " 密码 " "
同步网络时间 时区 东8区 授时服务器 time.windows.com
一直重复
    OLED 显示 清空
    初始化时钟 my_clock x 64 y 32 半径 30
    时钟 my_clock 读取时间
    绘制 时钟 my_clock
    OLED 显示生效
```

图 12-6　网络对时时钟

其他同学应该向你学习，不放过每个小问题！“授时服务器”比较好理解，可以理解为网络中的一些专门提供精确时间的网站或计算机。至于“时区”这个概念我要给你简单科普一下了。

知识拓展

时区是一个中学地理中的概念，要想彻底讲清楚还需要很多地理知识，在这里我给你简单介绍一下有关的概念。

大家都知道地球是自西向东自转的，自转一周大约是24小时，所以东边比西边先看到太阳，东边的时间也比西边的早，这也就是导致不同地区存在时差的根本原因。

为了便于计算时间，按统一标准分区计时，1884年在华盛顿召开的一次国际经度会议（又称国际子午线会议）上，规定将全球划分为24个时区（东、西各12个时区）。规定英国（格林尼治天文台旧址）为中时区（零时区），零时区以东为1~12区，以西为1~12区。每个时区横跨经度15°，时间正好是1小时（建议用百度搜索“时区图”浏览一下相关地图）。每个时区的中央经线上的时间就是这个时区内统一采用的时间，称为区时，相邻两个时区的时间相差1小时。我国采用北京时间作为国家标准时间，而北京时间就是东八区的区时，所以在国产软件mPython中默认从网络中获取时间的时区就是东八区，东八区就代表北京时间。

哦，我懂了，没想到时区背后还有这么多知识呢。

你仔细观察一下这个指针式时钟，看看它方不方便精确读出几分几秒?

因为没有小格，所以确实不太容易认，怎么办?

我们可以利用之前学过的仿数码管字体做一个电子表，把时、分、秒直接用数字显示出来，这样看起来就方便多了!

2.【挑战2】制作仿数码管电子表。

老师，前面我们直接就获取了时间，但是要用仿数码管方式显示时间的话就得知道精确的时、分、秒，它们该怎样获取呢?

问得好!我们只需用一个积木就可以获取这些信息，即【输入】积木库中的【本地时间年】积木，如图12-7所示。建议你在年、月、日之间加上减号“-”，在时、分、秒之间加上英文冒号“:”，这样更符合用户的习惯。

本地时间 年

✓ 年
月
日
时
分
秒
星期数
天数

图 12-7 【本地时间年】积木

好的，我试试，这样确实好认多了，如图12-8所示。

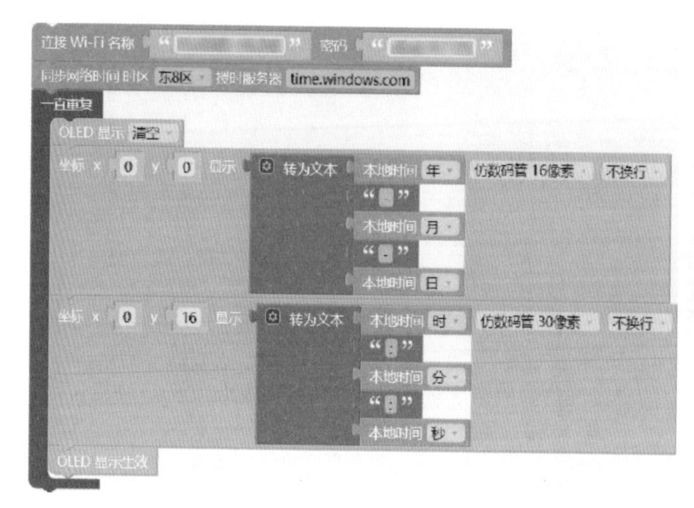

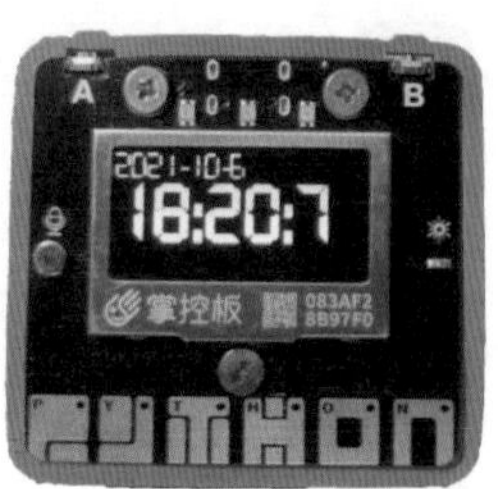

图 12-8　仿数码管电子表程序 1

嗯，效果不错！不过我发现一个小问题，你的秒显示的是“7”，但是日常生活中的电子表显示 1 位数时都会在前面补上 0，所以应该显示“07”，分钟和小时也一样。

嗯，的确如此，可是怎样才能在 1 位数前面自动补 0 呢?

我们可以通过数学中的取余和取整运算，把两位数拆分成十位数和个位数，这里需要用到【数学】积木库中的【64÷10 的余数】和【64÷10 商的整数部分】两个积木，如图 12-9 所示，你知道该如何计算吗?

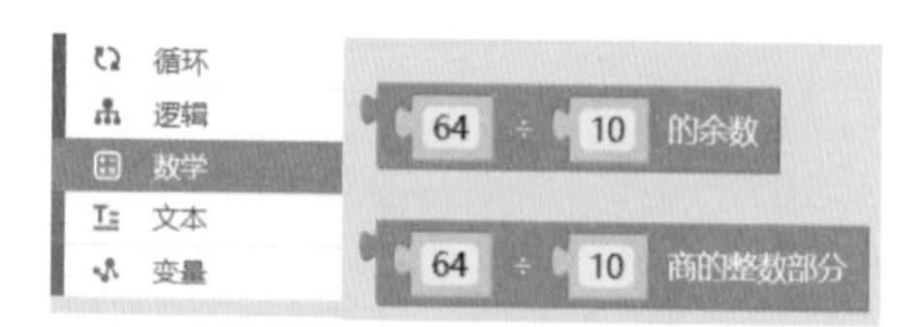

图 12-9　取余取整积木

哦，我明白了！用时、分、秒分别除以 10 取整可以得到十位数，除以 10 取余可以得到个位数！老师，你看我修改后的程序，如图 12-10 所示。

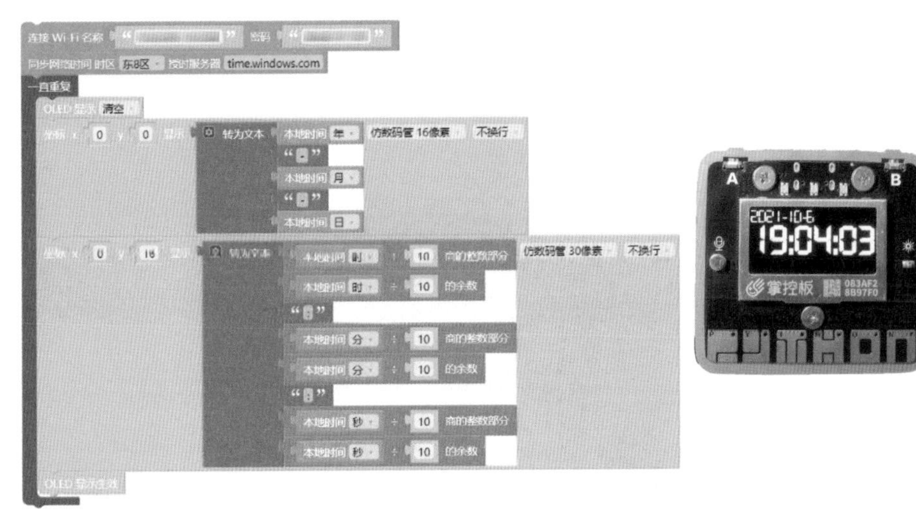

图 12-10 仿数码管电子表程序2

很棒！很会灵活用数学解决问题！恭喜你完成了“任务1”！下面我们就在这个基础上再加上闹钟的功能吧！

任务2：网络对时小闹钟——综合应用

1.【挑战1】制作闹钟。

小白同学，你先来说说，把刚才的电子表改造成一个闹钟的思路吧！

嗯，我觉得可以把闹钟的时和分存在变量里，如果本地时间的时＝变量时，本地时间的分＝变量分，就让蜂鸣器发出声音或播放音乐，这样就可以实现闹钟的功能了。

思路很好，你自己试试看。

老师，我的闹钟可以按时响了，如图12-11所示。

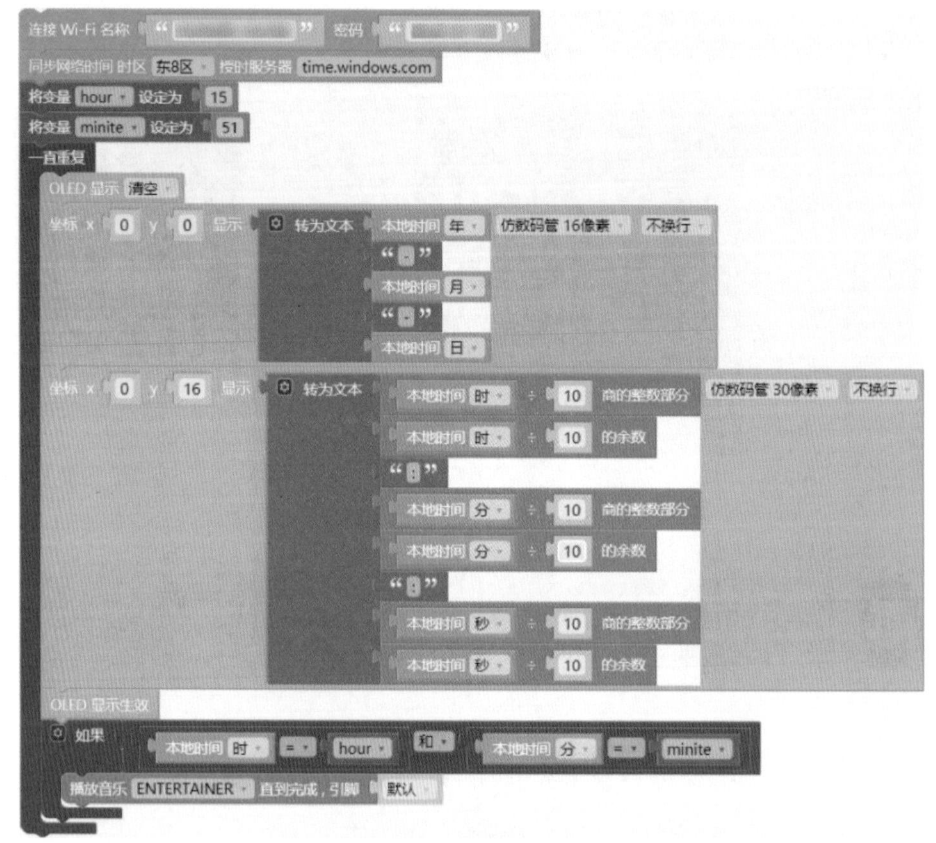

图 12-11 闹钟程序 1

不错，基本功能已经实现了！不过我作为用户又来“挑毛病”了：（1）屏幕上没有显示闹钟的时间，用户看不到程序，只看屏幕的话不知道闹钟几点会响；（2）闹钟响了以后我关不掉，它会不停地响1分钟，如果我已经醒了会感觉很吵。请你再完善一下吧！

2.【挑战2】完善闹钟。

嗯，这样确实不太好，我修改一下，如图12-12所示。老师，显示闹钟时间的问题解决了，我还发现仿数码管字体虽然显示不了中文，但可以显示英文。不过我又遇到了新问题，闹钟响了以后，一直按着A键不动才能关闭闹钟，一松开就又开始响了，该怎么解决这个问题？

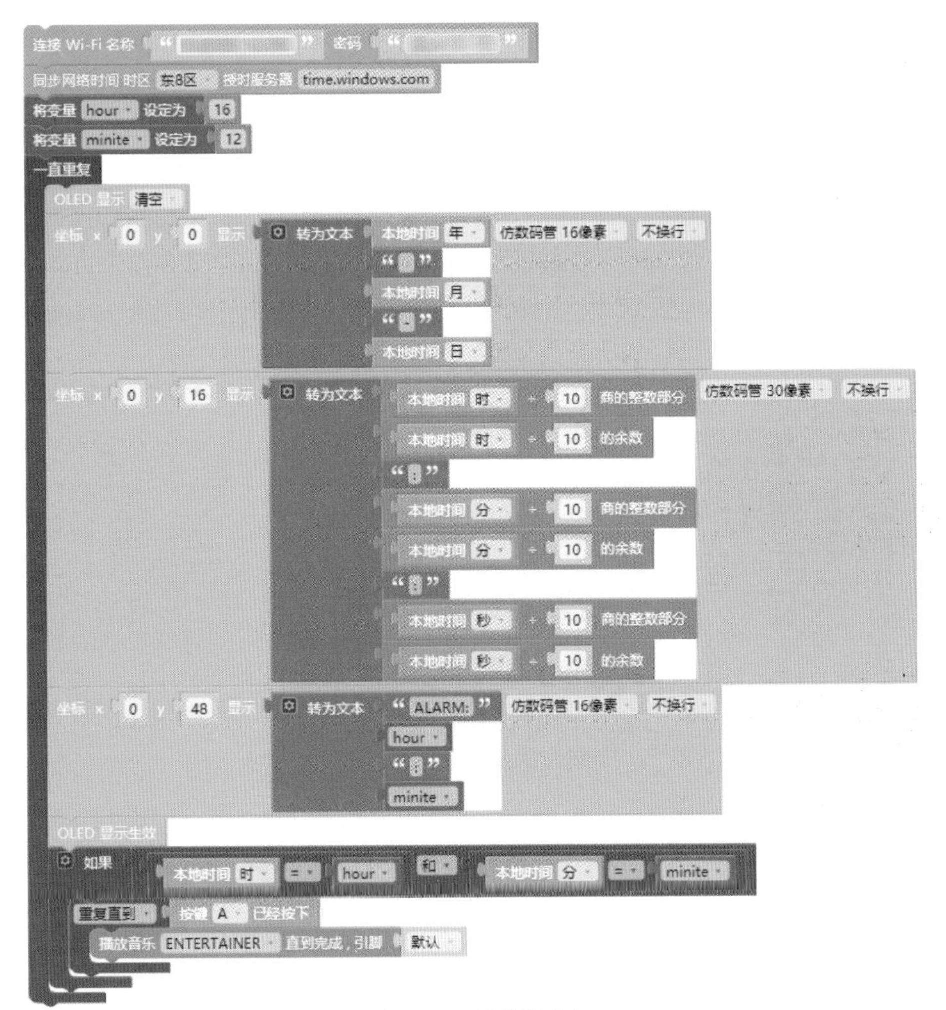

图 12-12　闹钟程序2

我们先分析原因：按A键后虽然结束了【重复直到】，但是【一直重复】还在继续，而闹钟设定的时间还没过去，所以下次重复时还会满足【如果】中的条件，音乐就会继续响。要想按下A键就停止闹钟，就必须让【如果】后面的条件不成立，因此要在【如果】后再加一个条件。我们可以新建一个变量*state*表示A键的状态，A键没有按的时候它是0，当A键按下时让它变成1，如果本地时间时=hour、本地时间分=minite且*state*=0，闹钟才能响，当按下A键后*state*变成1，【如果】后的条件就不满足了，闹钟也就不会再响了。

哇，这个方法好棒啊！我去试一下！

先别急，我再问你个问题，当你停止闹钟以后，明天同一时间闹钟还会响吗？

噢，应该不会响了，因为按下A键后*state*变成1了，【如果】后的条件就再也不会成立了，所以就再也不响了，那我们应该等闹钟时间过了以后把*state*重新设置为0才行，我试试，如图12-13所示。

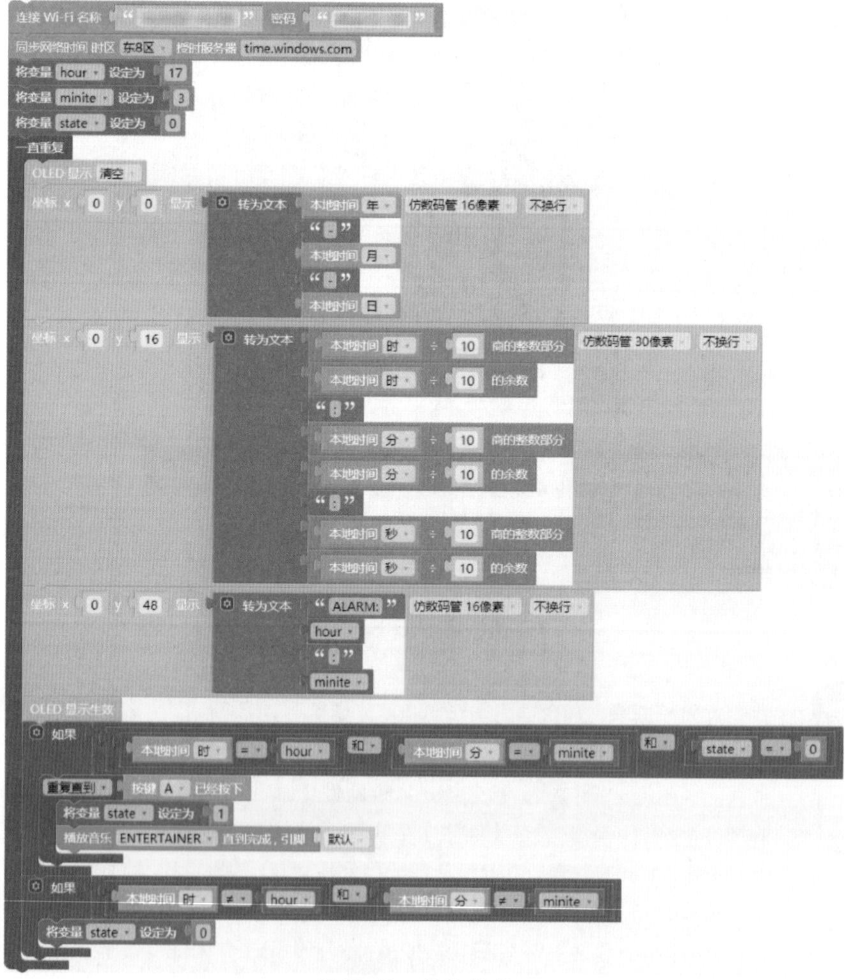

图12-13　闹钟程序3

嗯，这次就可以顺利关闭闹钟了！不过我这个爱“挑刺儿”的用户又发现问题了：咱俩知道按A键关闭闹钟，普通用户知道吗？所以我建议在闹钟响的时候屏幕上显示两行字：“要迟到啦，快起床！”“长按A键关闭闹钟”，这样是不是更人性化一些，也更符合我们说的“以人为本”的设计理念？

嗯，我确实没想到这一点，老师我修改了一下，这次好了，如图12-14所示。

```
minite
OLED 显示生效
如果 本地时间 时 = hour 和 本地时间 分 = minite 和 state = 0
  重复直到 按键 A 已经按下
    将变量 state 设定为 1
    播放音乐 ENTERTAINER 直到完成，引脚 默认
    OLED 显示 清空
    OLED 第 2 行显示 “要迟到了，快起床呀！” 模式 普通 不换行
    OLED 第 3 行显示 “长按A键关闭闹钟” 模式 普通 不换行
    OLED 显示生效
如果 本地时间 时 ≠ hour 和 本地时间 分 ≠ minite
  将变量 state 设定为 0
```

图12-14 闹钟程序4

这次好多了！小白同学，希望你用课余时间思考并完成本课的拓展任务，本次的拓展任务有点难度，你可以挑战一下自己！

拓展任务

请你利用课余时间思考几个问题：用户可能不会mPython编程，所以没办法修改闹钟的时间，如何设置按下某键时开始设置闹钟，再按另一个键结束设置？如果遇到睡得比较沉或比较懒的人，音乐吵不醒他（她），你有没有别的办法叫醒他（她）？你甚至可以考虑让掌控板外接某种设备，上网查一下是否可行。你还有什么好的创意或想法吗？欢迎你把作品或想法以图文或视频的方式上传到论坛里和大家展示、分享，遇到问题也可以在论坛里向大家求助。

知识网络

本课知识结构网络如图12-15所示。

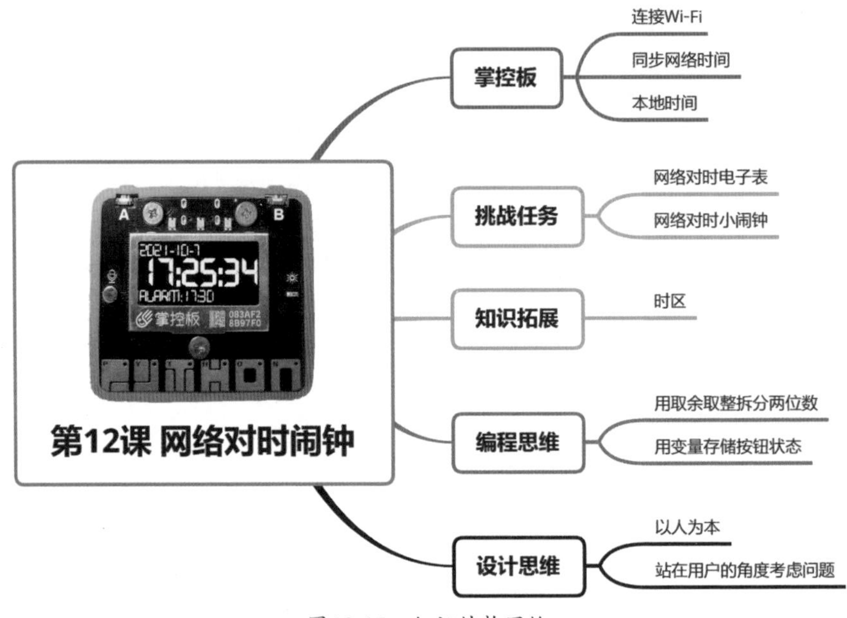

图12-15　知识结构网络

项目手册

（1）核心积木。

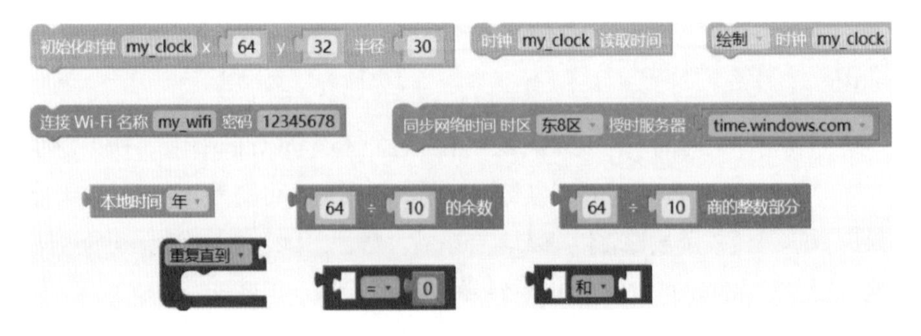

（2）时区。

1884年在华盛顿召开的一次国际经度会议（又称国际子午线会议）上，规定将全球划分为____个时区（____、____各12个时区）。规定英国（格林尼治天文台旧址）为____区（零时区），零时区以____为1~12区，以西为1~12区。每个时区横跨经度15°，时间正好是____小时。每个时区的中央经线上的时间就是这个时区内统一采用的时间，称为______，相邻两个时区的时间相差____小时。我国采用 ____时间作为国家标准时间，而北京时间就是______区的区时。

（3）用变量存储按键A的状态。

新建一个变量*state*表示A键的状态，A键没有按下的时候它是______，当A键按下时将它设置为______，如果________（并且/或）______（并且/或）______，闹钟才能响。（用\将括号内不正确的逻辑运算表述删除。）

附 录

本书配套资源下载方法（见封底）。

掌控板常见故障、可能原因及解决方法如下。

故障	可能原因	解决方法
掌控板接入计算机USB接口后一直显示未连接	1. 掌控板驱动程序安装失败 2. 数据线或USB接口有问题	1. 重新安装mPython软件并按提示安装驱动程序 2. 更换数据线或USB接口
无法刷入程序或刷入程序中断	1. mPython软件无响应 2. 数据线或USB接口有问题 3. 掌控板固件版本过低	1. 关闭并重启mPython 2. 更换数据线或USB接口 3. 烧录最新固件
屏幕显示OSError	掌控板固件版本过低	在mPython右上角单击“设置”，烧录最新版本固件
屏幕显示TypeError	数据类型错误	把float转为int
屏幕和控制台不显示任何信息，控制台右上角显示红底白字“寻求帮助”	变量名与Python保留字重名	修改变量名

说明：其他不明原因故障可以在钉钉群或网络论坛求助网友。

交流互动：扫描下方二维码加入读者交流钉钉群。

后记

小白同学，不知不觉中，本书就学完了，谈谈你有什么收获吧？

啊，好快啊，我还没学过瘾呢！

从编程方面来说，我学会了一些编程的基本知识，有顺序结构、循环结构、分支结构这三大基本结构，还有变量、随机数、事件驱动、逻辑运算等；从掌控板方面来说，我学会了掌控板上搭载的OLED显示屏、按键、触摸键、RGB灯、声音传感器、光线传感器、蜂鸣器、广播、Wi-Fi等功能；从能力上来说，我现在可以自己发现并解决一些简单问题，并且能用所学的知识解决一些实际问题，还学到了很多其他学科的知识。我觉得收获很大！谢谢老师的耐心指导！

总结得很全面啊！其实掌控板的功能还有很多，它还可以搭载很多外接传感器和设备，再结合物联网、人工智能、3D打印、激光切割等技术，实现更多、更丰富的功能和应用，真可谓是其乐无穷啊！

哇，好酷啊！真的好期待啊！老师，我们什么时候可以再接着学习这些内容呢？

由于时间和篇幅的问题，我们的掌控板编程入门部分就到此结束了，后续的课程等老师有机会再带着你和你的小伙伴们一起学下去！

希望这不是结束，而是你的创客、编程学习之路的开始，老师为你打开了创客、编程之门，网络上也有很多教程和技术交流帖，你有空也可以多钻研、多尝试。希望你能保持爱思考、肯钻研的劲头，相信你一定可以学好编程，成为一个全能小创客！未来也希望你努力成为能为国家科技事业做出贡献的人才！

嗯，谢谢老师的鼓励！我会继续努力的！曾老师再见！

小白同学再见！各位和小白一起学习的大同学和小同学们再见！

我们后会有期！